有三种"必须"让我们止步不前：
　　我必须什么都做到最好，
　　你必须对我好，
　　以及生活必须是一帆风顺的。

——美国著名心理学家，情绪"ABC模型"创始人
阿尔伯特·埃利斯（Albert Ellis）

那我们开始吧！

这本书以梦曦20岁这一年的生活为背景，真实地描写了梦曦和周围人遇到的负面情绪、身材焦虑、进食障碍、完美主义、认知偏差等心理问题，并尝试寻找可能的解决方法。梦曦的故事告诉我们，进食障碍不仅仅和食物有关，而是情绪、行为、认知和环境共同影响的结果；进食障碍也不仅仅在于将身体变成某个特定的样子，这背后或许还有更深层次的原因。

书中引用了国际上经典的心理学理论和实验，从情绪（Affect）、行为（Behavior）和认知（Cognition）的角度较为深入地分析了上述问题，不过这不是一本用于治疗的专业书籍。

二十岁这一年发生了什么？

心羽 著

WELL,
IT CERTAINLY
DIDN'T
GO AS
PLANNED…

知识产权出版社
全国百佳图书出版单位
—北京—

图书在版编目（CIP）数据

二十岁这一年发生了什么？/心羽著. —北京：知识产权出版社，2021.7（2021.10重印）

ISBN 978-7-5130-7575-6

Ⅰ.①二… Ⅱ.①心… Ⅲ.①心理学–通俗读物 Ⅳ.①B84-49

中国版本图书馆CIP数据核字（2021）第118284号

责任编辑：田 姝　阴海燕　　　　　责任印制：刘译文

二十岁这一年发生了什么？

ERSHI SUI ZHEYINIAN FASHENGLE SHENME？

心羽　著

出版发行：知识产权出版社有限责任公司	网　　址：http://www.ipph.cn
电　　话：010-82004826	http://www.laichushu.com
社　　址：北京市海淀区气象路50号院	邮　　编：100081
责编电话：010-82000860转8693	责编邮箱：laichushu@cnipr.com
发行电话：010-82000860转8101	发行传真：010-82000893
印　　刷：三河市国英印务有限公司	经　　销：各大网上书店、新华书店及相关专业书店
开　　本：787mm×1092mm　1/32	印　　张：11.5
版　　次：2021年7月第1版	印　　次：2021年10月第2次印刷
字　　数：240千字	定　　价：58.00元
ISBN 978-7-5130-7575-6	

出版权专有　侵权必究
如有印装质量问题，本社负责调换。

二十岁生日当天的人生总结 ✏️

- 理想身高：168厘米　　实际身高：163厘米

- 尝试减肥的第712天

- 初始体重：52.2千克　　现体重：55.8千克
　　　　　　　　　　　　（截至今早8：27）

- 暗恋男神的第2685天　　光荣成为"备胎"的第5天
　　　　　　　　　　　　（不过男神说9月10日考完试后会重新考虑，所以要努力减肥）

- 玩偶数量：23

- 和前男友分手的第376天

- 男神的消息：0

- 潜在男朋友数量：0

- 距离去美国交换还有12天

经常与生活混乱程度成正比的 ⚠

（要时刻留意这些信号）

- 糖摄入量
- 脂肪摄入量
- 总卡路里摄入量
- 算不清楚糖、脂肪、总卡路里摄入量的天数
- 堆积的脏衣服数量（以及殃及的室内面积）
- 配不上对儿的袜子数量
- 阅读"有哪些越早知道越好的人生道理？"回答的总时长
- 还没有喝完上一杯就想点下一杯奶茶的冲动
- 一个人待在房间里的时间
- 翻看男神社交媒体的次数
- 幻想和男神约会的总时长
- 想变成一只猫的愿望
- 联系前男友的冲动
- 翻看前男友社交媒体的次数
- 找借口不去运动的次数
- 编出来的借口的质量
- 发誓"明天开始重新做人"的次数

目 录
Contents

第一部分

001 **我不知道为什么会这样。你说他为什么就是不喜欢我呢？**

肯定是因为我不够好，这都是我的错。说真的，我必须要以最快的速度瘦下来，证明自己，把自己变成他喜欢的样子。毕竟，也不会有人喜欢现在的我。

第二部分

087 **我知道那只是食物，不是爱；可是没有爱，没有成就感的时候，我又该怎么办呢？**

别害怕，你其实从来都不是一个人。

与心理咨询师的第一次对话 088

进食障碍和失调性进食是什么意思？"过度节食"如何触发大脑的"生存本能"，这又会给我们带来哪些生理和心理上的影响（明尼苏达饥饿实验）？"自制力"是无所不能的吗？如何摆脱不健康"节食心态"，与身体和食物建立一个更加和谐的关系？

与心理咨询师的第二次对话 111

如果我们严格地要求自己"绝对不许焦虑"，就会管用吗？"生理饥饿"和"情绪饥饿"有什么区别？如何打破"情绪-暴食"的习惯性反应？负面情绪一定都毫无价值吗？为什么说"压抑"并不是一个好主意，"回避"又如何成为维持焦虑（症）的陷阱？从心理学的角度来看，我们该如何与情绪和谐相处、改善心理健康？

与心理咨询师的第三次对话 130

什么是心理学上的"反刍思维"？我们又应该如何停止这种不健康的认知模式？为什么"认知上的重新评估"可以帮助我们减少负面事件的伤害，更好地管理情绪？怎么更好地使用这种方法？
答：想象自己是"墙上的一只飞虫"。

145　　**与心理咨询师的第四次对话**

"我必须要做到完美，不然我就什么都不是"——为什么说"完美主义"是一种自我伤害又令人上瘾的思维模式？不健康的"完美主义"和健康的"自我提升"有什么区别？什么才是一个SMART的目标？我们又应该如何挑战那些完美主义带来的认知和行为模式？

159　　**与心理咨询师的第五次对话**

"羞耻"是一种什么样的情绪？"羞耻"和"内疚"有什么区别？"羞耻感"到底会激励我们进步，还是带来各种各样的问题？什么是一种"致郁"的归因方式？情绪"ABC模型"可以带给我们什么启发，我们又如何利用"检查证据"的方法破解这些不健康的思维方式（"ABCDE模型"）？生活中还有哪些常见的"思维陷阱"，如何利用"认知重建"来避免这些陷阱？

206　　**与心理咨询师的第六次对话**

"个人边界感"是什么？"情绪急救"是什么意思？我们还面临着哪些挑战？

第三部分

217　　**"嫌弃身体为什么看起来不是某个特定的样子，还是感谢身体让我们有能力去做那么多精彩的事情？"**

6个小伙伴关于"身体"的思考和讨论。

关于身材焦虑的第一次团体咨询   218

"身体意象"是什么意思？对于男性和女性而言，我们追求的所谓"完美身材"具体有哪些标准？这些标准从哪里来，我们又为何如此执着？我们在追求"完美身材"的过程中，付出过哪些代价？如何通过"镜像暴露"来学着接纳、欣赏自己？

关于身材焦虑的第二次团体咨询   232

我们为什么会对自己的身体感到如此焦虑——这些焦虑背后的原因是什么？只要让身体变成某个特定的样子，生活就一定会完美吗？如何换一种方式来看待身体，和身体建立一个更健康、友好的关系？

关于身材焦虑的第三次团体咨询   244

在"情绪"和"认知"的基础上，"身材焦虑"如何影响着我们的行为，这些行为又给我们带来了什么？如何通过"行为挑战"来缓解这些影响？

关于身材焦虑的第四次团体咨询   252

作为大环境中的一员，我们如何更好地应对广泛存在的"身材焦虑"？"角色扮演"如何帮助我们发现、反驳、挑战生活中关于"身体"的评论，共同创造一个更加友好的环境？如何成为一个"接纳自己身体"的倡导者？

第四部分

261 **如何在茫茫人海中准确、快速地找到自己的灵魂伴侣?**

如果我知道答案的话,这部分绝对不会有整整88页,你说是吧。

第一部分

> 我不知道为什么会这样。你说他为什么就是不喜欢我呢?
>
> 肯定是因为我不够好,这都是我的错。说真的,我必须要以最快的速度瘦下来,证明自己,把自己变成他喜欢的样子。毕竟,也不会有人喜欢现在的我。

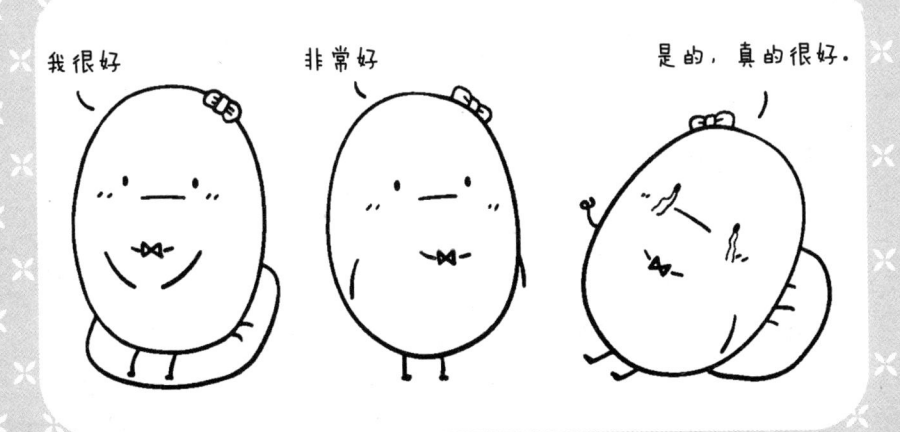

我很好　　　非常好　　　是的,真的很好。

8月15日 星期一

在美国交换的新生报到周（orientation）第一天

55.4 千克 / 571 卡路里 / 运动 60 分钟

很好，比目标的600卡还要少

　　今天去学校报到啦！宿舍是一栋看起来就很古老的房子，非常适合拍照；唯一的缺点就是它确实非常古老。因为没有电梯（也不分配男朋友），只好自己想办法把3个大箱子拖到3楼去，不知道这可以消耗多少卡路里。很快和住在对面、也是来当交换生的小露认识并一起去食堂吃午饭。食堂一进门是每天不重样的热菜区和沙拉台，再往里走是薯条、炸鸡、汉堡三明治，以及各种各样罪恶的甜点。不过我对于外焦里嫩的炸鸡、酥脆的薯条、松软香甜的奶油蛋糕、满屋飘香的巧克力饼干通通没有兴趣，内心毫无波动，只有沙拉才是我的最爱。是的，没错，就是这样的。一定是这样的。我径直走向沙拉台，努力保持目视前方，不让周围的诱惑妨碍我做出正确的决定，毕竟我对那些也没什么兴趣。沙拉台包括但不限于：生的西蓝花、生的白蘑菇、生的洋葱、生的胡萝卜、生的小菠菜、充分氧化后的苹果，以及各种根本不知道是什么东西的黑暗酱汁。

　　回到座位后，看到小露拿了五颜六色各种各样的东西，我指着她盘子里的不明杂粮问道："你吃的这个是什么呀？"

　　"我也不知道，反正上面写着'有机食品'，估计挺健康的。英文好像是'c-o-u-s-c-o-u-s'，不过我也不知道该怎么念，大概是'丑死丑死'？"小露一本正经地说。

还没等我开口，住在斜对门的戴眼镜小哥杰森加入对话："不对，应该念成'酷死酷死'。这是一种中东小米，高蛋白低热量，很多健身的人都喜欢。"

健身的人都喜欢？哦，我心想，那估计不会好吃的。杰森大口地吃着"酷死酷死"配芝麻菜和油醋汁（说真的，为什么会有人把橄榄油和醋混合在一起拌生菜？）。本来我以为水煮鸡胸肉配西蓝花不加盐已经是人类舌尖史上登峰造极的存在了，现在突然发现自己简直过于天真。

下午的时候和专门负责国际学生的M教授见了一面。教授是法国人，为了套近乎，我说我非常喜欢法餐，然后教授很开心地问我最喜欢的法式料理是什么，我大脑一片空白，沉默了一会儿后挤出了一个当时唯一能想到的和食物有关的英文单词："Spaghetti（意大利面）"。教授愣了一下，挤出一个礼貌而不失尴尬的微笑，没有再说什么。

8月16日　星期二

新生报到周第二天

55.3 千克　/　326 卡路里　/　运动 73 分钟

这到底是为什么?!明明我昨天只吃了571卡，今天却只轻了0.1千克？体重秤上的数字让我非常不爽，仿佛听到脂肪在放肆地大笑。本来准备不吃早饭，无奈已经和小露还有杰森约好，也没有想出任何合理的借口可以取消这个计划。

在食堂，杰森托了一下眼镜，说："你们可以去试试这里很有特色的早餐，欧姆雷特，就在那边。"

"什么东西？哈姆雷特？"我问。

"不是，这个叫作'欧姆雷特'。鸡蛋炒一切的代表。"杰森托了一下眼镜说。

我们去那边一看，台子上写着"omelette"（"欧姆雷特"，鸡蛋饼）的字样，食堂大叔非常熟练地一边倒着蛋液，一边往蛋液里放着菠菜、西红柿、洋葱、芝士等配料。我和小露分别点了一个"欧姆雷特"加菠菜、西红柿和白蘑菇，拿到以后发现没有一样东西是全熟的。

"你下次要在单子上面写'请使劲煎'，不然就一定会是半生的。"杰森说。

"写了就能煎熟吗？"我问。

"这个嘛……其实也不一定。"杰森托了一下眼镜："这种事情都是要碰运气的。"

吃完饭后,我去和学校分配给交换生的学术导师 F 教授见面。学术导师专门负责解答我们有关学术方面的问题、监督我们的学术进展。F 教授的名字很像日本裔,据说他"本科没有好好学习,于是只能去哈佛读博士"。F 教授看着我的课程表,对我说:"梦曦,你是心理学专业?"

"对的。"

"这学期你选了神经科学、健康心理学、心理学实验设计与统计、西方艺术史入门,还有心灵哲学五门课?我个人不建议你这么做。我知道你之前的学校可能一个学期要上很多门课,不过我们这里的系统是不一样的;既然我们建议学生上四门课,那么每位教授就会按照这个标准来设计课程的进度和工作量。相信我,应付四门课足以让你非常忙碌了,尤其是在艺术史和哲学都不是你的专业的情况下。"

我有些犹豫,因为男神的专业就是哲学和艺术史,而且他当时就是每学期上五门课,我希望可以像他一样。F 教授看出了我的犹豫:"我知道你肯定想充分利用在这里学习的机会,这种态度是值得鼓励的!不过你也是需要休息、娱乐和社交的呀,"教授继续说,"不用太过紧张。你看我本科也没怎么好好学习,后来也还是去了哈佛读博士。"

8月17日 星期三
新生报到周第三天

55.0 千克　/　1890 卡路里　/　运动 142 分钟

啊哈!　　功亏一篑　　试图亡羊补牢

（04：30）可能是因为这几天吃得太少，晚上醒来好几次，全身都有一种虚脱的感觉，每个细胞都在嘶吼着乞求食物。食堂还有 3 个小时才开门，找遍房间只发现了出发前老爸塞在行李箱里的红枣和枸杞，于是我去旁边宿舍楼的自动售卖机买了看起来最健康的食物——一块"有机"蜂蜜燕麦棒，味道相当不错。心情很美丽，准备开启健康又高效的一天。

（04：45）整个人处于难以置信中。突然发现刚才那根看起来人畜无害的"有机"燕麦棒居然有整整 190 大卡和 29 克的碳水化合物。为什么我刚才不好好看看营养成分表？果然饥饿中的女人是最不理智的。想到早上 5 点前就已经摄入了超量的碳水化合物，顿时觉得这一天失去了盼头。

（11：30）仍然沉浸在误食过量碳水化合物的愤怒中，盘算着如何消耗掉这些热量。听到宿舍门外一阵骚动，一群人有说有笑地讨论着什么。本来想打开门看看发生了什么，不过一个性格内向者的本能告诉我不要轻举妄动。为了避免不必要的社交尴尬，我决定先把耳朵贴在门框上听一听究竟。原来是都住在这一层的"层友"们想一起吃个饭，互相认识一下。在我反应过来之前，最不希望的事情发生了——有人在外面非常用力地敲着我的门。我吓得一激灵，赶紧跑到书桌前坐下，再若无其事地从书桌前站起来去开门。门口站着一位很好看的女生，小麦色的皮肤配上纤细健康的身材，手臂上的肌肉线条清晰可见；她穿着一套看起来很高级的瑜伽服，上面有一个"Ω"的符号。还没等我张口，女生露出一个大大的笑容，对我说："你好，我叫 S，就住在你隔壁。很高兴认识你！我们准备一起去吃个饭，认识一下，你有兴趣吗？"我感到一阵紧张，回想起过去在类似的大型社交活动中的种种尴尬经历，每一个细胞都在大喊："我不想去！"然而大脑却下达了不一样的命令。下一秒，我挤出一个大大的笑容，对 S 说："好呀好呀！那可真是太棒啦！我都等不及要认识大家啦！"

（12：30 食堂）一边给自己加油鼓劲一边走向食堂，途中还破例去自动售卖机又买了一根燕麦棒给自己打气（下次肯定不这样了）。为了早日变成一个像男神那样的社交达人，我一定要努力。

到了食堂发现来了将近 20 个人（社交能量瞬间减少 30%，外向的人不会懂），远远地看到他们就很想转身逃走，不过一想到男神，还是硬着头皮走了过去。S 坐在最中间，跟所有人谈笑风生。她今年大四，英语文学和经济双专业，是学校曲棍球队的队长，毕业后希望去麦肯锡工作。我坐在一旁，根本插不上话

（社交能量减少60%）。S和男神一样，轻而易举地就可以成为人群的焦点，他们永远都知道什么时候该说什么话。心情突然非常低落。男神应该只会喜欢这样耀眼的女生吧？我当时怎么有脸和他表白？他一定觉得我特别可笑。

（14：30 食堂）其他人还在开心地聊着，我不知道他们怎么可以第一次见面就像多年未见的老朋友一样。

我在椅子上不安地坐着，往嘴里塞着食物，不停地偷偷看表。S提出吃完饭后一起去学校旁边的超市买一些日用品，顺便再去逛逛街。听到这话，我的脑海中浮现出大家一边和和气气有说有笑，一边又为了不落单做出各种迷惑行为的场景。就像那句话说的，三人行，必有一人多余；站着可以自由移动的社交总是要比坐着不能乱动的社交还要刺激。于是我胡乱编了个理由离开。

走出食堂后，一个人戴着耳机往宿舍走，顿时感到阳光明媚，万物可期，能量值回到满格。

8月19日 星期五

新生报到周第五天

/ 摄入 0 卡路里 / 运动 30 分钟

不知道，不敢看

幻想和男神约会：150 分钟　因此而偷笑：25 分钟　男神的消息：0

为了弥补昨天超额的热量，今天什么都没有吃。傍晚的时候脑子里全是食物的样子，什么都不想干，只能盯着表盼望这一天赶紧过去。国内的闺蜜、下学期也要来这里做交换生的秋言没有接我的电话，估计是和男朋友在一起。我决定去外面散步，消磨一下时间。等着过马路的时候正前方有一对情侣在旁若无人地热吻，让我有一种想要不顾一切闯红灯的冲动（这是最糟糕的，你不得不在社交性死亡和生理性死亡中作出艰难抉择）。看着他们让我想到了男神。到底是什么地方出了问题？我们那天不是聊得很开心吗？我表白以后，他不是说可以"试试看"吗？为什么在几天没有回复我的任何信息之后就突然改变主意？我到底做错了什么？他那几天在想什么？他说这段时间要把全部精力集中在 9 月 10 日的美国研究生入学考试（GRE）上，真的是这样的吗？他还答应我 10 号考完试以后会重新考虑一下我们的关系，到时候他会怎么想？不管怎么样，离他考完试还有不到 20 天，我要努力成为更好的自己。

8月20日 星期六
新生报到周第六天

54.8 千克　/　948 卡路里　/　运动 0 分钟

很好!

经过一晚上的思考,我还是决定这个学期像男神一样上五门课,其中包括哲学和艺术史两节他的专业课,即使 F 教授并不建议我这样做。除此之外,我还报名了学校的业余划船队(因为这是男神最喜欢的运动),开始学法语(因为男神在学),订阅了《经济学人》杂志(因为男神在看),并且立志减到 90 斤。我必须要让男神感受到我很努力。

和在国内的闺蜜秋言聊天,在对男神表白这个问题上又一次受到了闺蜜恨铁不成钢的教导。

秋言:姐妹呀,不是我说你,你这个容易冲动的毛病真的要改。

秋言:当时就跟你说了,不能表白,不能跪舔,永远不要把主动权完全交出去。

秋言:尤其这个男的还是白羊座的。

> **我**：所以我现在只能寄希望于他考试后真的会重新思考这个问题。

> **秋言**：姐妹,你不要为一个男的耗费这么大精力嘛,要享受新生活,让自己忙起来。

> **秋言**：男人怎么想怎么做根本不重要,千万不要让他们影响你的心情。

> **我**：你跟你男朋友怎么样呀最近?

> **秋言**：我正想跟你说呢,这个大猪蹄子又不回我微信,真是气死我了!!!

8月21日 星期日

新生报到周第七天

54.6 千克 / 3079 卡路里 / 运动 90 分钟

> 非常好! 我到底在想什么?

今天是业余划船队的第一次训练。这一天到现在还什么都没吃,感到有些眩晕。其实我对划船一点儿都不感兴趣,不过这是男神

二十岁这一年发生了什么?

Aug

最喜欢的运动，为了他我也必须坚持。室内训练在垃圾回收处和自行车停放处中间的一个酷似废弃仓库的地方，里面放着6台划船机。

"你好，请问你是来训练的吗？"听到这话我猛地抬头，眼前站着一位身高长相都酷似男神的人，他继续跟我说，"我叫H，在读研究生，是划船队的教练。你叫什么名字？"我愣在原地，好几秒后才反应过来。他一定觉得我是个傻子，我心想，然后感到更加眩晕，疯狂地渴望食物。更加丢人的是，之后的500米划船机摸底测试中，我的成绩排在倒数第三，而且差点因为全身无力而没有完成测试。H告诉我们，以后的训练会在每周一、周二、周四和周六，他会给我们发一个Excel表格，每次训练都有4个时间段可以选择，大家需要提前注明自己会在哪个时间段来训练。悄悄地环顾四周，发现其他的女生都是又瘦又美，穿着"Ω"的运动服，让我顿时觉得自己是个异类，浑身都是错。一抬眼看到S和她的姐妹们也在，尴尬地打了个招呼，目光不自然地看向别的地方。好不容易熬到训练结束，女生们好像都对H很感兴趣，围成一圈和他有说有笑，只有我完全不知道该说些什么。我感觉自己快要晕倒了，于是悄悄地溜出去。刚一出门身后就传来一阵笑声，不过我并没有听清他们在说些什么。

"H一定觉得我非常笨拙，S肯定也觉得我特别奇怪，他们刚才一定是在嘲笑我。"我无法控制地想。回到房间后，我坐立不安，脑海中传来一个声音，尖叫着大喊：

食物！我需要食物！就现在！

我抓起书包，冲到旁边的超市买了一袋最廉价的合计 1350 大卡的巧克力，一边往宿舍走一边机械地往嘴里塞。大脑一片空白，直到糖的味道从鼻尖一直蔓延到嗓子眼，才感到一丝安慰。消灭掉大半袋巧克力之后，那个尖叫着想要食物的声音终于渐渐安静了下来。我摸着肚子上的肉，想象着刚才吞下的这些热量现在正在我的身体里被疯狂地转化为该死的脂肪，心情更加糟糕。既然今天已经毁了，我心想，那不如我最后把所有想吃的东西再吃一遍，从明天开学第一天开始重新减肥。想到这里，我去宿舍旁边五过而不敢入的甜品店买了两块巧克力饼干以及一块蓝莓麦芬，又去超市买了一袋原味薯片、一袋巧克力、两袋水果软糖，以及一小盒冰淇淋。

8月22日 星期一
开学第一天

/ 0 卡路里 / 运动60 分钟

根本不敢看体重，闭着眼睛站在体重秤上，让绑定的手机App来记录这个残酷的真相

（08：30 神经科学教室）最近可能真的是水逆，开学第一天的第一门课居然就迟到了。其实我出门还挺早的，不过中途迷

路，可恶的手机地图也无法准确地告诉我到底周围的哪一栋楼才是我应该去的地方，绕了好几圈才找到。不过说真的，有时候迟到就像是命中注定的。一路上碰到的都是游客，要么同样不认识路，要么给我指向截然不同的方向。其中一位大叔很热情地说："我是来参观的，也不知道科学楼在哪里。顺便提一句，我来自田纳西州[1]，你呢？"我急着赶路，下意识地回答了句："No, thanks（不了，谢谢）。"

在全班的注视下走进教室的感觉简直是大型社会性死亡现场。因为太紧张，还不小心把旁边小哥的水杯碰到了地上。神经科学的教授是一位50岁左右的孟加拉女性，她以前在孟加拉是一位执业医生，因为不满当地"治疗大过预防"的政策，于是来到美国重修了一个医学博士的学位。这门课这学期的任务是每两周写一篇2000字左右的论文，外加一个小组展示（presentation）和一个期末考试。

"你是Pre-med（医学预科）吗？"刚才被我撞掉水杯的男生问我。

"我是什么？"我瞥见他的桌上放着两本厚厚的书，分别是《生物化学》和《有机化学》。

"Pre-med？"

"什么？"

---

[1] 美国东南部的一个州。

"哦，那你应该不是。"他说。

（11：30 心理学实验设计与统计教室）去统计课教室的路上看到几个同学在公共区域开心地吃着芝士炸鸡汉堡，那深入灵魂的香气让我不自觉地放慢了脚步，不过最后对于知识的渴望（暂时）战胜了对于芝士的渴望。统计课一开始，教授让所有同学依次进行自我介绍，并且要加上一个关于自己有趣的地方（fun fact），于是在接下来的20多分钟里，我们见识了各种动耳、卷舌和打滚神功。教授说，大家可能会疑惑，为什么我们心理学专业的学生要学习实验设计和统计，而且是比较深入地学习；这是因为心理学本身就是一门严肃的科学，要遵循严谨的研究方法。"如果你们只从这门课中学到一个最为重要的事情，"教授说，"那么请记住，心理学是一门严谨的学科，我们用科学的方法研究人类的行为。心理学永远不该成为大众娱乐、误导大众的工具——当然更不是用来算命的。"

（16：30 图书馆）梦曦，你今天最好什么都不要吃。

（16：40 图书馆）昨天不是说好今天开始重新做人的吗？难道你想一直胖下去？

（17：00 图书馆）你还想不想让男神对你刮目相看？

（17：05 图书馆）想的话，就闭上嘴！

（17：30 图书馆）不管发生什么，今天都绝对不能吃东西！

（18：00 图书馆）编造理由婉拒了小露一起去吃炸鸡汉堡的

邀请，对自己感到非常骄傲。

（18：30 图书馆）不能吃，绝对不能吃！

（19：30 图书馆）不能吃，绝对不能吃！

（20：00 图书馆）不能吃，绝对不能吃！

（20：30 图书馆）不能吃，绝对不能吃！

（21：00 图书馆）不能吃，绝对不能吃！

（21：30 图书馆）不能吃，绝对不能吃！

（22：00 图书馆）不能吃，绝对不能吃！

8月23日　星期二

54.5 千克　/　1794 卡路里　/　运动 75 分钟

啊哈！

（07：00 床上）不能吃，绝对不能吃！

（08：00 健身房）不能吃，绝对不能吃！

（09：40 艺术史教室）不能吃，绝对不能吃！

（12：15 心灵哲学教室）这时候如果可以来一根巧克力不能吃，绝对不能吃！

（13：30 健康心理学教室）不能吃，绝对不能吃！

（15：00 图书馆）不能吃，绝对不能吃！

（16：00 图书馆）不能吃，绝对不能吃！

（17：00 图书馆）不能吃，绝对不能吃……

（18：00）可恶!饥饿让我失去理智。刚才本来想去超市买洗发水，结果一路沿着香味就走进了一家炸鸡汉堡店，经过长达整整10秒钟的激烈的思想斗争，点了一个炸鸡汉堡和一盒薯格。为了不被当作一个"独自孤独地吃汉堡的胖子"，我决定打包回房间，做一个"独自孤独地偷偷吃炸鸡汉堡的胖子"。准备去厨房热汉堡的时候看到了斜对门的杰森正在用"特级初榨"橄榄油煎鸡胸肉，锅中还放着一些有着奇特味道的针形植物。看到他如此自律，我很想拿着我的"罪证"逃跑，可惜晚了一步。杰森看到我，笑着说："嘿!梦曦!晚饭准备吃什么？哦!炸鸡汉堡!我"欺骗餐"的首选。顺便提一句，你了解这家炸鸡汉堡店背后的故事吗？这个快餐店的老板……怎么说呢……曾经发表过一些不符合大部分学生价值观的言论，所以在学校里遭到了不少学生的自发抵制。你怎么看这件事？"这突如其来的深刻让我感到不知所措，一心想着赶紧回到房间享受我的汉堡，于是我傻笑着应付了几句，迅速逃离了现场。

8月26日 星期五

54.1 千克 / 1074 卡路里 / 运动 65 分钟

历史新低!!

经过星期三和星期四两天的不懈努力,今天早上的体重终于达到近期的新低,于是决定去参加学生会组织的新生舞会。我花了整整三个小时试图找到一套可以遮住我粗壮的四肢,让自己看起来不那么胖的衣服,最后选择了一条带袖子的黑色长裙。我决定整场舞会都不脱掉外套,制造一种"虽然我看起来比你们都胖,不过那完全是因为我没脱外套"的错觉。

舞会已经开始了整整两个小时,然而并没有看出主办方有什么明确的安排,大家只好自行尬聊外加商业互吹,不过即使并没有什么具体的事情可以做,大家还是凭借一颗颗躁动的心让现场的气氛非常热闹,直到三位麦霸倾情带来一首《凉凉》,场面一度有些尴尬。

又一个小时过去了,仍然在舞会上无所事事。听到斜前方一位目测90斤左右、打扮得非常精致的女生跟旁边的男生"抱怨"道:"你看我最近又长胖了!哎呀,怎么办呀,其他女生都好会打扮,只有我既不会化妆又不会修图,还这么胖。"旁边的男生听闻,立即交出了满分的答卷:"我觉得你身材很好呀,而且素颜比她们化妆都还要好看呢。"听到这话,我和同样站在一旁的女生珊珊相视一笑,并且借由这个话题迅速相识相知相互成为好朋友。女生的友谊总是如此微妙而有趣。

8月27日 星期六

54.0 千克 / 1558 卡路里 / 走路 20 分钟

在太阳下拎着两大袋很沉的零食暴走，减肥效果应该翻倍吧？那就算40分钟好啦

正在和心灵哲学的阅读做着殊死搏斗。所以笛卡尔的二元论到底是什么意思？给个痛快话行不行！我感觉自己的"物质实体"还在书桌前安安静静地学习，"精神实体"已经飞到了九霄云外，两者各自独立存在独立发展，互不干涉。就在我快要投降之际，小露来敲我的门，问我要不要一起去"缺德舅"。

"去哪儿？"我不解地问。

"缺德舅！"小露开心地说。

"缺德？谁缺德？舅？"

"缺德舅，就是一家叫作 Trader Joe's 的超市啦。听说挺不错的，想不想一起去看看？"

这么好的逃离哲学阅读的机会当然不能错过。我解放了自己的"物质实体"，和小露在"缺德舅"里转来转去，看什么都觉得新鲜。我指着冰柜上的"抽吧你"（Chobani）牌无糖脱脂希腊酸奶对小露说："你可以尝尝这个，无糖脱脂的纯酸奶，减脂效果应该不错。"

"无糖无脂还喝个什么劲儿,尝尝这个蜂蜜酸奶吧,像甜点一样,超级好喝。"小露很兴奋地说。

本着"今天情况特殊最后放纵一次,明天开始重新做人"这个减肥人士共同的信(幻)念(想),我买了:椰子脆脆蛋卷、比利时巧克力布丁、米饭布丁、豆奶香草冰淇淋、黄油华夫饼干、巧克力小饼干、布里欧修面包、花生酱、牛角面包以及一瓶无糖可乐。拎着两袋子热量爆表的食物,感受到了堕落的快乐。在回宿舍的路上,我们无意中看到那个带有"Ω"符号瑜伽服的专卖店。进去转了一圈,完全震惊于这里的价格(店里其他人则完全震惊于我们手中零食的数量)。

"这个牌子为什么这么贵呀?有什么特别的吗?"我看着价签,不解地问小露。

"具体我也不太清楚,"小露说,"不过听说这个牌子的瑜伽服叠起来的大小正好可以放进爱马仕的铂金包里,所以可能对于一些人来说非常实用。"

8月28日 星期日

54.4 千克 / 407 卡路里 / 运动 17 分钟
???

一脸懵圈。为什么会这样??刚刚发生了什么?快告诉我到底是为什么!我昨天明明只吃了1558大卡（有日记为证），没有超标特别多啊，为什么还是胖了整整0.4公斤？难道是刚刚做的10个深蹲让我长了0.4公斤的肌肉？应该没有这么快吧？

找借口取消了和珊珊约早饭的计划，躺在床上生闷气。这到底是为什么？再这样下去的话，男神根本就不会正眼看我一眼。这绝对不可以!我必须激励自己快速减肥。想到这里，我花了整整3个小时在网上搜索了各种"快速减肥法"，以及每种减肥法对应的史上最为详细、准确的操作方法：

史上最为详细、准确的"快速减肥法"操作指南

- 柠檬汁减肥法：饿着
- 西红柿黄瓜减肥法：饿着
- 西柚减肥法：饿着
- 排毒减肥法：饿着
- 断食减肥法：饿着，不然呢？
- 比弗利山减肥法：饿着
- 卷心菜汤减肥法：饿着
- 早安香蕉减肥法：饿着
- 南方沙滩减肥法：饿着
- 7天减肥法：饿着
- 14天减肥法：饿着
- 21天减肥法：饿着

- 30 天减肥法：饿着
- 苹果减肥法：饿着
- 代餐减肥法：饿着
- "最后一次机会"减肥法：饿着
- "这次一定会瘦下来"减肥法：饿着
- 鸡蛋红酒减肥法：饿着
- 血型减肥法

如果你是 A 型血：饿着　　如果你是 B 型血：饿着

如果你是 O 型血：饿着　　如果你是 AB 型血：饿着

- 血型减肥法的亲戚——星座减肥法[①]

如果你是白羊座、金牛座、双子座：饿着

如果你是巨蟹座、狮子座、处女座：饿着

如果你是天秤座、天蝎座、射手座：饿着

如果你是摩羯座、水瓶座、双鱼座：饿着

8月29日　星期一

54.3 千克　/　386 卡路里　/　运动 60 分钟

在食堂和小露、杰森一起吃早饭。我点了一个"欧姆雷特"，并且在单子上按照杰森的建议写了一个"请使劲煎"。拿

[①] 好吧，我承认这是我编的。

到煎好的蛋饼时发现厨师大叔非常友好地在单子上画了一个笑脸，不过里面的菠菜和白蘑菇仍然没有熟。小露很兴奋地跟我说着学校的街舞社团，问我想不想一起去学跳舞。我摸了摸自己大腿上的肥肉，跟小露说最近太忙了，等我搞定这些作业就一起去。我在心里跟自己说，一定要尽快瘦到90斤，开始新生活。

心理学实验设计与统计课上讲到"效度"（validity）和"信度"（reliability）都是衡量一个心理学实验的重要标准。"除此之外，不能忽略的是，你们的实验要对我们理解人类行为具有正面意义，并且实验设计不能过于猥琐，"教授说，"比如，之前有人想要探究'周围是否存在其他人'这个变量会不会影响男性如厕的时长，于是实验者藏在后面的隔间里，通过一个隐藏起来的潜望镜观察、记录每位访客在厕所停留的时间，以及当时他们身边有没有人。"[1] 全班哄堂大笑，教授继续说："如果以后你们做了类似的事情，请不要说是我教出来的。"

---

[1] MIDDLEMIST K. Personal space invasions in the lavatory: Suggestive evidence for arousal[J/OL]. Journal of Personality and Social Psychology, 1976, 33(5): 541-546 [2020-06-21]. https://doi.org/10.1037/0022-3514.33.5.541.所以这真的不是我编的。

9月3日 星期六

54.1 千克　/　2170 卡路里　/　运动 134 分钟

距离男神考试还有整整7天　幻想和男神约会：150分钟
幻想和男神约会而傻笑：20分钟　男神的最新动态：无

不记得在什么地方看到过一个"轻松减肥"的妙招：如果你对某种高热量的食物感到渴望，那么可以用热量不那么高的食物来代替，满足食欲。中午的时候特别想吃焦糖夹心巧克力，于是我试图用"有机"蜂蜜燕麦棒来满足自己——在消灭了5块"有机"蜂蜜燕麦棒之后，我终于忍不住还是吃了焦糖夹心巧克力。想到今天离男神的美国研究生考试还有整整一周的时间，在蔗糖的作用下一时冲动给他发了尴尬到捂脸的消息：

> 嘿！最近怎么样呀？　我

> 允许我再来叨叨一句哟！　我

> 祝你备考顺利！　我

> 如果你什么时候想找人聊聊的话，可以随时来找我哟！　我

> 呀，不小心叨叨了两句！嘻嘻。
> *卖萌的表情*　我

我现在为自己尴尬到脚趾抓地，思考着要不要发一条只男神可见的朋友圈，说自己刚刚微信账号被盗，请朋友们忽略我的所有私信。这场闹剧终于以男神在42分钟后回复的"哈哈好的谢谢"收场。

9月6日　星期二

53.8千克　/　1738卡路里　/　运动60分钟

距离男神考试还有4天

（18：00 图书馆）心灵哲学课的论文题目是："假设在未来的某一天，神经科学家发现有一些认知活动是在大脑中没有任何相对应的生理基础的，那么可不可以证明笛卡尔的二元论是正确的？请写一篇1500~2000字的论文，要求逻辑清晰。"坐在电脑前的我内心是崩溃的，完全不知道该怎么扯到1500字，有一种写一个"是的，没错，就是这样，您说的都对"就交上去的冲动。为什么要花时间思考一些根本不会发生的事情？我们本可以用这个精力来处理一些更加棘手的问题。比如，如何让旁边这位小哥不要继续在图书馆吃薯片……

（19：30 超市）好吧，我现在在超市买薯片。受到薯片小哥的启发，我安慰自己在写不出来作业的时候吃一点薯片并不是对"减肥誓言"的背叛，而是为了学业做出的战略性牺牲。就在我

Sep

伸手想要从货架上拿薯片的时候，余光瞥见了哲学课上一位超级帅的男生就在离我不到两米的地方，于是我赶紧收回自己罪恶的小胖手，装出一副对垃圾食品不屑一顾的样子。我们打了个招呼，我惊讶地发现他的购物篮里竟然全是垃圾食品。

"这是要开派对吗？"我问他。

"不是。咱们那篇论文也太难写了吧，今晚肯定要熬夜，我来补点燃料。"他回答道。

哈！原来不止我一个人发现了卡路里是宇宙第二大生产力（仅次于"截止日期"），顿时感到全身轻松。

如何减轻吃垃圾食品的负罪感？找个人跟你一起吃。

9月7日　星期三

今天先不称体重，学业要紧　　今天先不控制热量摄入，学业要紧　　今天先不运动，学业要紧

距离男神考试还有3天，开始感到激动

今天已经消灭的食物清单（按时间顺序）：

仍然没有熟的"欧姆雷特"

两个小苹果

一碗燕麦粥

两杯"抽吧你"无糖脱脂希腊酸奶（配巧克力酱）

一（大）袋原味薯片

三个太妃焦糖夹心巧克力

四块巧克力饼干

两块（炸）鸡胸肉

两听无糖可乐

两个蓝莓味麦芬

两袋小熊软糖

论文进度（合计129个字）：

心灵哲学

梦曦

9月7日（开学第三周的第三天）

论文1

天气：阴天

地点：宿舍

心情：你觉得呢？

背景音乐：你还要我怎样

题目：假设在未来的某一天，神经科学家发现有一些心理活动是在大脑中没有神经科学基础的，那么可不可以证明笛卡尔的二元论是正确的？

正文：我觉得是可以的吧？

9月9日　星期五

假装没有这回事儿　假装没有这回事儿　假装没有这回事儿

距离男神考试还有1天!

（21：30 床上）从来没有用英文写过哲学论文，在图书馆殊死搏斗好几天。因为写得太烂，刚刚闭着眼睛提交了论文。现在是北京时间9月10日早上9点半，应该是男神进考场的时间，希望他一切顺利。定了一个凌晨1点的闹钟，那时候他应该结束考试了。想象着不到5个小时之后跟男神的对话，心情激动，蒙着被子像傻子一样笑出了声。

9月10日　星期六

继续假装没有这回事儿　继续假装没有这回事儿　继续假装没有这回事儿

男神考试!!!

（00：36）因为梦到男神而准时醒来，根本不需要闹钟。

（00：40）啊哈，还有最后20分钟!

（00：45）最后15分钟!

（00：50）最后10分钟！

（00：55）最后5分钟！

（01：00）哈，到点啦！准备给男神发消息，祝贺他考完试！

（01：01）决定再等几分钟，不在整点的时候发，不然好像我专门定闹钟起床看着表在等他一样。谁会干这样的事情？就像秋言常说的，对男人这种生物就是要漫不经心一点。

（01：13）好的，可以发啦！

（01：14）啊，已经14分了。那再等等吧。"14"多不吉利。

（01：15）整点，不行。

（01：17）啊啊啊，突然好紧张，他会重新考虑我们的关系吗？

（01：18）到底要不要发？

（01：19）还是发吧。

（01：20）又是整点，不行。

（01：23）"123"连续数字，不行。

（01：24）"24"不好听，不行。

（01：25）整点，不行。

（01：26）好的，终于闭着眼睛按下了发送键。

（01：27）紧张地把手机调成静音扔到一边，假装什么都没发生。

（01：35）他为什么还是不回复？！

（01：40）会不会是考试延时啦？

（01：45）就像当时考托福一样，无缘无故给你来个加试，真讨厌。

（01：47）难道是微信升级，可以自动屏蔽舔狗的信息？

（02：05）啊啊啊！男神回复啦！我噌地一下从床上跳起来。

男神 哈哈谢谢！

我趁着他应该还没有把手机收起来，赶紧跟他说：

你之后是怎么计划的呀？ **我**

（02：20）没有回复。

（02：37）正准备睡觉，男神发来信息。

男神 可能旅游一段时间，然后一边实习一边准备申请的事情。

（02：40）之后我不出意外地犯傻，跟男神说：

你……还好吗？ **我**

男神 还好哈哈！抱歉在外面闲逛呢，等回家跟你聊！

（02：41）哈!男神说回家以后跟我聊?!

（02：45）感到兴奋异常，幻想和男神约会，蒙着被子继续傻笑。

（06：30）并没有收到男神的任何信息。

（06：40）现在是国内时间的下午6点40，他应该还在外面吃晚饭吧?

（09：30）还没回家吗?

（11：00）难道是去酒吧啦?

（11：30）肯定是这样的。

（14：00）就算是去酒吧现在也该回家了吧?

（18：00）或许是他喝醉了还没有清醒过来?

（20：00）或许手机落在酒吧里了，还没有发现。

（23：30）一定是这样的。

9月11日　星期日

2593 卡路里　　/　　运动 0 分钟　　/　　学习 0 分钟

没有任何男神的消息。

9月12日　星期一

2780 卡路里　　/　　运动 0 分钟

翻男神的社交媒体：128分钟　思考为什么男神还是没有醒酒：280分钟

还是没有消息。

9月13日　星期二

3021 卡路里　　/　　运动 0 分钟

在网上查 "为什么48小时过去了还是无法醒酒"：120分钟

什么都没有。

9月14日 星期三

3218 卡路里 / 运动 0 分钟

23次试图让自己不要无休止地进食 23次无法让自己不要无休止地进食

（06：00）躺在床上漫无目的地刷着朋友圈，猛地看到男神的头像。他发了一条这样的朋友圈：

> 如果芝诺悖论中的兔子永远追不上乌龟，那么追求科技普及造福人类生活的我们，是否就像是芝诺悖论中所说的乌龟呢？

（07：00）意识到自己必须要振作起来。男神是不会搭理我的，要接受现实。周五有一个统计课的考试，今天要去帮课上的同学W讲题，我不能再继续这样浪费时间。

~~（12：00）男神会不会是把手机丢了，然后用图书馆的公共电脑上的微信软件发的朋友圈，所以没看到我的消息？~~

（15：00）在网上搜索"为什么他不回复我的消息，以及我该怎么办？"找到一篇极佳的文章：

他不回复你消息的时候该怎么办？
——傻子都能看懂的新手指南

48小时过去了，他还是没有回复你。到底发生了什么？这里是他不回复的11个可能的理由：

- 他被外星人抓走了。来自外太空的、真正的外星人

- 他的手机坏了……48 小时……在工作日的时候……然后他发了朋友圈
- 现在是早上,他应该在睡觉
- 现在是中午,他应该在睡觉
- 现在是晚上,他应该在睡觉
- 他花了整整一周来思考该如何回复
- 他正在跟朋友们介绍你
- 他正在跟家人们介绍你
- 他收到你的消息后太过激动,以至于晕了过去
- 他忘记点"发送"
- 他在欲擒故纵,好让你注意到他

好吧,上面都是我编的。如果他不回复你,那么只有一个理由:他不想回复你。不要再为他寻找借口。那么,怎么做才能让一个男生回复你的消息呢?一共分为四步:

第一步: 停下来深呼吸。

第二步: 放轻松,即使他不回复你也不是世界末日。

第三步: 努力让自己处于一个好心情中。

第四步: 给他发积极向上的信息,而不是负能量。

关于第四点——之所以这样说,是因为没有人会喜欢让自己觉得有负担的关系,我们都喜欢让自己感到轻松、愉悦的人。所以,永远不要让他感到有压力,不要表现出"如果你不回复我,我就不开心"的情绪。保持一个好心情,让他感受到你的关心和

理解。

（16：00）有意思。不能让男神觉得有压力，不能让他感觉"如果不回复我，我就会不开心"，要体现真诚的关心和理解。我拿出手机，又给男神发了一条信息：

> 嘿！你在干吗呢？如果在忙的话就不用回复啦，没关系的，我完全理解*笑脸* *小太阳*

我

（23：00）没有任何回复。

9月17日 星期六

/ 0 卡路里　　/ 运动 0 分钟

不敢看，先减几天肥再说

这几天忙得昏天黑地，试图补上前几天落下的作业。想到男神，心情非常低落，都说"忙"是治愈一切矫情的良药，不过其实你还是会在不经意间想起那个人，比如翻书的那一瞬间。早上起床后穿着睡衣去厨房找上次还剩的一杯"抽吧你"无糖脱脂希腊酸奶。一开厨房的门就看到 S 穿着"Ω"的运动服在做早饭，正从一个好像是牛奶的盒子里倒出一些液体到面糊里。逃跑已经来不及了，于是我挤出一个不知道灿烂不灿烂的笑容，说："你这是在做鸡蛋饼吗？看起来好棒！"

"不是哟，"S露出一个大大的笑容，说："我在做鸡蛋白+杏仁奶+奇亚籽华夫饼再加上巴西莓果酱，还有从Whole Foods[①]买的羽衣甘蓝汁。"

我一脸懵圈地点点头，心想如果我可以像S一样完美，生活大概就不会有任何烦恼，男神也一定会喜欢我。我决定今天什么都不吃。

9月19日 星期一

339 卡路里 / 运动 0 分钟

还是不敢看，再减几天肥再说

我想我发现了吃水煮西蓝花不放盐可以减脂的奥秘：让我吃这个还不如不吃呢

眼前这篇2500字的神经科学论文让我毫无头绪。为了给自己找一些动力，我去翻了翻男神的社交媒体，发现那里一共出现了他和12位不同女生的合照，每一个人都比我好看。好像在哪里读过：如果你不想干什么事情，那么就先强迫自己干5分钟，后面就会奇迹般地发现事情越来越容易。这招确实还挺管用的。不过15分钟以后，我想起老妈常说的一句话：一个干净整洁的学习或生活环境可以提高效率，于是我决定先收拾一下房间。在接下来

[①] 一个完全不知道为什么那么贵的有机食品超市。

的4个小时里,我洗好衣服并一件件按照大小和颜色顺序叠起来放好,将桌子椅子柜子全部擦干净,和床上的玩偶们依次交流了感情,并且把书架上的书按大小排序(后来决定还是按出版年份排序)。所以其实拖延才是宇宙第一生产力,让你斗志昂扬地去做一切你现在不该做的事情。

9月23日 星期五

54.3千克　/　2391卡路里　/　运动0分钟

(17:00)终于踩着点儿提交了神经科学的论文。这个礼拜除了上课、三次划船队训练,以及去看了珊珊舞蹈队的表演之外,基本都待在图书馆学习。只是节食让我效率极其低下,满脑子都是食物,昨晚只好熬到凌晨3点多,在极度缺觉的状态下完成了这篇"从神经科学的角度,说明充足的睡眠如何帮助我们巩固记忆、提高学习效率"的论文。代价是我又吃了整整一袋的烤肉味薯片,罪证现在还在书桌上。

(17:30)既然这样,不如把今天当成减肥成功前的最后一个"欺骗日",最后再放纵一次。为这个主意感到兴奋,这可真是一个完美的星期五晚上。我把书包清空当成购物袋去超市,这样既节省了塑料袋,又不会让别人看到我如此堕落。在"缺德舅"买了一桶焦糖花生味冰淇淋、一袋原味薯片、一袋巧克力以及两个蓝莓麦芬,又到旁边的快餐店买了一个炸鸡汉堡。在房间里一边追剧一边吃着这些热量炸弹,竟给了我一种久违的安全感。

(21:00)感到心满意足,把没有吃完的零食放到宿舍的公共区域,并在旁边留了一张纸条,写着:请随便吃。很开心,仿佛减肥胜利就在眼前。

(21:15)等等!如果减肥是从"明天"正式开始的话,是不是意味着我还有3个小时可以随便吃?

(21:16)好的。

(21:40)在宿舍的公共区域附近徘徊,趁没人的时候把刚才放在桌子上面的零食全都拿了回来。

(22:30)最后一个半小时,还有什么想吃的吗?

(23:10)确定没有了吗?

(23:20)明天就不能吃啦!

(23:40)还有最后20分钟,在房间里焦虑地走来走去。

(23:50)最后10分钟。

(23:55)一路小跑去隔壁楼的自动售卖机。

(23:56)啊啊啊,前面的小哥为什么这么慢?

(23:57)没有想好吃什么的话,让我先买好不好?

(23:58)啊啊啊啊啊,快一点,要来不及啦!

（23：59）很好，赶在最后一分钟买了一块焦糖夹心巧克力。心满意足。

9月25日 星期日

/ 0卡路里 / 运动60分钟

不敢看，估计胖了20斤

今天早上5点半起床去健身房骑了一个小时的自行车，然后去图书馆学习，下午和珊珊一边逛街，一边吐槽各自男神的迷惑行为。我们路过一家服装店，珊珊兴奋地拉着我就要往里走，说："你听说过这家小码服装店吗？里面所有的衣服都只有小码，所以如果你能穿得上的话，就证明你对自己是有要求的。"

听到这话，我的心里"咯噔"一下，开始感到非常不安。我对珊珊说："你自己进去看吧，我不能再花钱买衣服啦。"

"一起进去看看嘛，不买不就行啦。"珊珊说。

看着珊珊纤细的四肢，我非常确定我会是店里最胖的人。于是我说："我就不进去啦，看了就想买，根本控制不住自己。我正好要去旁边的超市买点东西，一会儿咱们在门口见。"

逛完街后回到图书馆搞定了心灵哲学和艺术史的阅读，外加健康心理学的小作文。本来想再去运动一小时，然而一站起来就感到眩晕，只好放弃这个计划。从现在开始，我必须要做一个对自己有要求的人。整理了网上的"减肥励志语录"，贴在书桌和书桌前面的墙上，试图达到"低头不见抬头见"的效果：

- 今日不减肥，明日徒伤悲
- 吃？你有资格吃吗？有脸吃吗？
- 少吃一口能怎么样？
- 当你又瘦又美，世界都会变得不一样
- 你心肠再好，也是个善良的胖子
- 人在吃，秤在看
- 没吃饱只有一个烦恼，吃饱了就有无数个烦恼
- 吃吃吃，就你能吃
- 一白遮百丑，一胖毁所有
- 你穿过比基尼、晚礼服吗？是穿不下吧？
- 再不瘦，就老了！
- 平胸穷三代，腿粗毁一生
- 单身不是因为你不懂爱，多数情况是你太胖
- 不怕身材变魔鬼，瘦到 90 斤才精彩
- 再不克制就要一辈子羡慕别人了
- 瘦子穿什么都好看，胖子瘦下来才好看
- 连体重都无法控制，怎么控制人生？

9月26日 星期一

54.1千克　/　　　　/　运动73分钟

不知道，不想知道

（19：00）到现在还没有吃任何东西，对自己感到非常满意。唯一的代价就是全身发抖，脑子里全是炸鸡汉堡的样子，挥之不去。不过我一定要坚持住。连体重都无法控制，怎么控制人生？没法集中注意力做任何事情，于是我习惯性地打开邮箱，打算回复一些无关紧要的消息。突然发现哲学教授发来邮件，说我们上一篇论文的成绩已经出来了。那篇论文的题目是："如果在未来的某一天，神经科学家们发现一些认知活动没有任何神经科学基础，那么是不是可以证明笛卡尔的二元论是正确的？"当时实在不知道该怎么写，最后在3000+卡路里的帮助下，我论证了因为神经科学家们永远不可能绝对确定无法找到相应的神经科学基础，所以这道题的前提条件不成立。

点开教授发来的写着成绩和评语的文档，完全无法相信自己的眼睛：

得分：69/100

评语：你的文章格式正确，结构清晰，语法错误较少，可以看出你花了不少工夫。令人感到遗憾的是，我不确定你是否真的看懂了题目的要求，也不确定我看懂了你在尝试表达什么。如果你需要额外帮助的话，欢迎随时联系我。

我坐在电脑前恍惚了一下，从来没有拿过这么低的分数。大脑一片空白，唯一的念头是：我需要食物。我冲到超市，买了一袋巧克力、一盒蓝莓麦芬、两袋软糖、一包薯片和一盒冰淇淋。一边把这些罪恶的食物放入购物筐，一边四处张望，祈祷不要碰到任何认识的人。回到房间以后，我把音乐放到很大声，机械地往嘴里塞着食物，让自己暂时不用去面对那个可怕的成绩。

几分钟以后，突然有人敲门，是小露的声音，她在门外说："在吗？我想借用一下你的平底锅做个晚饭可以吗？"我赶紧对着门外说："稍等啊。"然后迅速地把地上的食物包装都扔到衣柜里。

"不好意思哈，我刚才在换衣服。"我打开门后对小露说。

"没关系。哎，你嘴角这是什么呀？"小露问我，"黑色的，是巧克力吗？"

这可真尴尬。小露走后，我望着一地的食物，想到那个糟糕的成绩，感到极度羞耻，又一次疯狂地渴望食物……

9月27日 星期二

／　　　／　　运动 137 分钟

> 我真的不知道自己在干什么……

（10：00）早上起床以后有些水肿，感到非常恶心。昨晚坐在地上机械地往嘴里塞东西,一直到半夜,甚至感受不到食物的味道。用早饭的时间去健身房运动,之后去找哲学教授聊一聊我那篇惨不忍睹的论文。教授的办公室在五楼,一口气爬上去之后,在办公室门口蹲着喘了5分钟的粗气。教授告诉我应该在题目给出的假设条件下论证观点,而不是论证这个假设条件不成立。"这是哲学课,不是神经科学。"他说。

(12:00 图书馆)仍然非常郁闷。这门课想最后拿到好成绩真的希望渺茫。

(12:30 图书馆)为什么我什么都做不好?

(12:45 图书馆)男神一定都没有见过我这么蠢的人。

(13:00 图书馆)幸好到现在还什么都没有吃。这是今天唯一的收获。

(15:00 图书馆)好饿呀,要不要去吃点东西?可以少吃点。

(15:10 图书馆)不行,我今天没有资格吃东西。

(16:00 图书馆)都熬到现在了,不能功亏一篑。

(16:30 图书馆)不过不吃东西的话,一个小时以后的划船队训练怎么办?

(16:40 图书馆)要不然今天不去训练了吧。反正这次教练H应该不在,没关系的。

(16:45 图书馆)旁边的女生刚刚非常开心地吃了一大块巧克力,然而她还是比我瘦一圈。

Sep

（17：15 宿舍）反正今天什么都不许吃，没什么好说的。

（17：20 宿舍）一会儿肯定不去训练了，我现在连走到那里的力气都没有。

（17：36 宿舍）训练开始了 6 分钟，听到手机"嘟"的一声，这让我心里"咯噔"一下，有种不祥的预感。打开手机，看到 S 在划船队的群里@我，问我还去不去训练，大家都在等我。心跳加速，身体进入"战斗或者逃跑"的状态；我本能地打开抽屉，拿出昨天藏起来的最后一块巧克力，一股脑地塞进嘴里，坐在地上，给 S 回复："实在不好意思，刚才在和教授讨论下次的论文，没有注意时间，我会跟着下一组一起训练的。"

闭着眼睛点击了"发送"，不敢看任何人的反应，冲到隔壁楼的自动售卖机买了三块巧克力，一边往嘴里塞一边四处张望，生怕碰到划船队的人。

（17：50 宿舍）想要尖叫，根本就不想去训练。

（17：52 宿舍）大家肯定都觉得我特别奇怪，现在正在嘲笑我。

（17：55 宿舍）包括像男神一样的教练 H。

（18：00 宿舍）我需要食物，很多很多的食物。

（18：30 训练室）远远地听见 S 和姐妹们说笑的声音，我想要立即就地消失。更加糟糕的是，到了训练的地方，发现教练 H 竟然也在这里。他不是说今天不会来吗？ H 看到我，朝我笑了笑，说："梦曦，最近怎么样？下次如果不能参加训练的话，尽量提前跟我们说一声哟。"不知道自己是怎么熬过这一个小时的训练的，全程只想躲在一个角落里，脑海中无法控制地反复回放刚才的场景。 H 一定对我非常失望，男神一定也很失望，所有人一定都对我感到非常失望。

9月28日 星期三

/ 184 卡路里 / 运动 30 分钟

我现在根本不敢看自己的体重

（20：00）一个残酷的真相是，当你觉得一切都非常糟糕的时候，无助中你会迫切地想要抓住一切看上去像是救命稻草的东西，于是你便更容易做出一些冲动的决定，让情况变得更糟。比如急切地给男神发消息，然而并没有等来他的回复。

> 嘿！你的旅游怎么样啦？　我

> 发几张照片呗，让我看看诗和远方。　我

> 我现在状态低迷。　我

（21：30）没有任何动静。

（21∶40）也许他去了亚马孙热带雨林探险，那里没有手机信号？

（22∶00）或者他参加了一个30天的静修课程，远离社交媒体，和内心的声音对话？

（22∶10）不，他肯定是在嘲笑我。

（22∶30）没准儿还在和朋友们一起嘲笑我。

（23∶00）嘲笑我什么都做不好。

（23∶20）好在今天只吃了一盘鸡胸肉沙拉，不算无可救药。

（23∶30）其实他可能后悔认识我，我早该认清这一点的。

（23∶35）隔壁传来S和姐妹们开心的笑声，让我感到心烦意乱。

（23∶40）我决定明天什么都不吃。

9月29日 星期四

／ 0卡路里 ／ 运动0分钟

还是不敢看，我无法接受这个现实

（07∶00 床上）哈！有人给我发了整整8条消息！

（07∶01 床上）史无前例。男神居然连续给我发了8条消息！果然事情是会变好的。

（07：05）疯狂截图，记录下这激动人心的瞬间。

（07：08）抱着手机在房间里来回走动。

（07：10）坐在地上傻笑。

（07：20）会不会有他的自拍呢？

（07：30）我要看他的消息啦！

（07：45）我真的要看啦!!

（07：50）我真的真的要打开看啦!!!

（08：00）好吧，其实并不是男神。是之前的室友发来的：

室友 < *和男朋友秀恩爱的照片*

室友 < *和男朋友秀恩爱的照片*

室友 < *和男朋友秀恩爱的照片*

室友 < *男朋友做的饭*

室友 < *男朋友秀恩爱的聊天记录截图*

室友 < 宝宝，你说他怎么这么好呀？哈哈哈哈哈哈!

室友 < 你怎么样？还没有脱单吗？

（08：10）白高兴一场。

（08：15）将其他常用联系人都设置了"消息免打扰"，这样只要收到新消息就一定是男神。

（08：20）为自己的机智鼓掌。

（09：00）手机没有任何动静。

（09：10）无论如何，我现在必须去学习。今天要完成 200 多页的阅读外加三个小作业。

（12：00）手机没有任何动静。

（15：00）还是没有动静。

（16：00）确认手机还有电，只是没有动静。

（20：00）极度饥饿，读着约翰·斯图尔特·密尔（John Stuart Mill）的每一句话都像是在说："比萨！比萨！我要比萨！"为了防止自己堕落，我决定去洗衣服，转移自己的注意力。我抱着一筐衣服从三层走到地下一层，中间休息了两回，差点摔倒，发现洗衣房的每个滚筒居然都是满的。我看到其中一台洗衣机已经结束工作了，只是前一个人还没有来把衣服拿出来。本来想帮这个人把衣服拿出来放到烘干机里，结果发现里面是三条男士内裤和两双（并没有洗干净的）球鞋。犹豫片刻，收回了自己的小手。

（23：00）手机还是没有任何动静。

9月30日 星期五

/ 2851 卡路里 / 运动 0 分钟

再减几天

（05：30）还是没有动静。

（06：00）完全没有。

（07：30）本来想起床后先去运动，然后直奔图书馆学习，结果刚一站起来就感到眩晕，全身发抖，于是只好去食堂吃早饭。减肥为什么这么难？说真的，以后减肥应该成为一份全职工作，一份真正意义上的"007"全职工作。在食堂，我准备点一个"欧姆雷特"，还没等我开口，食堂大叔笑着问我："欧姆雷特，西红柿、菠菜、蘑菇，使劲煎？"几分钟后，大叔递给我一个完美的没有熟的蛋饼。

（20：00）在图书馆奋斗了一整天，并且除了早上的那个"欧姆雷特"之外什么都没有吃。现在要去给统计课上的同学W讲题，因为周一有个占总成绩20%的阶段性考试。这好像已经是我第4次帮她讲题了，而且每次都要好几个小时，问的也都是课上刚刚讲过的知识点，然而我并不知道该怎么拒绝。讲完题后，我们随口寒暄了几句。W问我周末有什么安排，我说大概就是在图书馆学习了。然后她说周日是她的生日，她男朋友坐明天一大早的飞机来找她，这个周末不会有时间学习，所以如果我整理了统计课的知识点，希望可以发给她一份。我笑着说好，心里开始为自己的生活感到可悲。为什么所有人都比我过得好？脑海中一个恶魔般的声音对我说：

你看看自己的样子，当然没有人会喜欢你。

我开始对食物产生疯狂的渴望，几乎无法控制。食物似乎是现在生活中唯一可以带来安全感的东西，即使这种安慰转瞬即逝，只留下一地狼藉。拎着一袋子最最廉价的垃圾食品，在宿舍楼门口遇见了S和她的姐妹们盛装去参加派对，我从她们身边低着头落荒而逃，祈祷她们没有注意到我。

10月1日　星期六

／ 0 卡路里 ／ 运动 150 分钟

没有人会喜欢我；再这么下去的话，更不会有人喜欢我

（06：30）开闹钟早起去健身房运动，企图抵消昨天的暴食。早上运动是最好的，因为没有人会看到你，觉得你奇怪。拖了好几天后，终于决定分别婉拒小露和珊珊秋假一起出去玩的邀请。出去玩就会长胖，而且我这么胖拍照也不好看，不如自己在宿舍里好好减肥。运动完后，我假装还没睡醒，没和小露、杰森一起去吃早饭，躺在床上和秋言聊天，吐槽最近的生活。

	我最近也不知道怎么了，经常控制不住自己地想吃东西，而且每次都是吃到想吐。	我
秋言	姐妹，你这可不行啊！不是说好要好好减肥，然后给男神一个惊喜吗？	
	我知道，不过我真的不是故意的。	我
	好像越节食就越容易一次吃很多很多。	我
秋言	不应该啊，这解释不通呀！	
秋言	我觉得你呀，还是应该让自己忙起来。	
秋言	忙起来就没功夫琢磨这些乱七八糟的啦！	
	其实我最近真的挺忙的，然而压力也让我更容易暴食，尤其是在缺觉又节食的时候。	我
秋言	你之前不是说过要联系教授，看看有没有机会做研究吗？	

秋言 > 找点事情做嘛,珍惜这个交换的机会。

秋言 > 我下学期就去找你啦,你先帮我探探路。

可是我不知道该怎么联系教授。 < 我

秋言 > 你前男友不就是通过邮件联系教授找到的机会吗?去问问他呀!

这合适吗?都分手啦。 < 我

秋言 > 这有什么不合适的,分手了就不能请教个问题吗?

秋言 > 再说他也没有脱单呢。

(19:00 宿舍)饥饿让我全身无力,一站起来就天旋地转。想去煮两个鸡蛋,脑海中那个恶魔对我说:

你这个没有意志力的家伙,知道为什么没有人喜欢你了吧?

我放弃了这个罪恶的念头,决定像秋言说的那样,再给自己增加一些任务,最好忙到没有时间吃饭,这样脂肪和暴食的问题就会一起解决。想到这里,我打开手机去问前男友给教授的邮件该怎么发。

> 嘿!你最近怎么样?我现在在美国交换,想找找看有没有参与研究的机会。 —— 我

> 可不可以麻烦问一下,你之前是怎么发邮件和教授们联系的呀?谢谢! —— 我

(21:00 宿舍)没有回复。

(21:30 宿舍)还是没有回复。他肯定是嫌我烦。

(22:00 宿舍)果然所有人都嫌我烦。

(23:10 宿舍)他回复了,发来当时写的邮件模版。

> 谢谢你啦! —— 我

看到他没有再回复,心中闪过一丝说不清的慌张,于是又追加了一句:

> 实在不好意思打扰你啦! —— 我

前男友 < 哈哈,没事!

二十岁这一年发生了什么? 053

Oct

我：你最近怎么样呀?

前男友：最近挺好的呀。你在美国怎么样?

我：我感觉自己现在一直在"舒适圈"之外,有时候很有挫败感。

前男友：是这样的呀?

前男友：那就要再努力一点嘛!

前男友：你那边不早了吧? 早点休息吧,我也有一些作业要写。

我：再跟我聊一会儿可以吗? 好久没跟人聊天了。

前男友：哈哈,那好吧。

我：我最近觉得压力很大,然后情绪不好的时候就容易暴食。

前男友：哈哈，我之前也会吃多。

前男友：可以去下载一个App，随时记录这一天摄入的卡路里，给自己提个醒，就不会吃多啦。

前男友：我之前每天控制饮食加运动瘦了10斤！

前男友：你肯定也可以的！

……

10月2日 星期日

/ 1024 卡路里 / 运动 172 分钟

我觉得自己现在大概有200斤

昨天睡得太晚，现在昏沉沉的。回想和前男友的对话让我想要尖叫。为什么我总是干傻事？我什么时候可以不要这么愚蠢和冲动？他的那句"你那边不早了吧"明显就是在暗示我闭嘴，我当时在想什么？他一定觉得我还是那么幼稚。给自己定一条规矩，永远不要在晚上情绪不稳定的时候找前任或者男神聊天，永远不要！没有任何借口！绝对不可以！

中午的时候，也在美国读书的高中同学 M 到这边来参加活动，于是我们一起吃了个午饭。为了防止自己吃多，我提前在网上查了这家餐厅的菜单，研究了每种食物的热量。最后我点了一个鸡胸肉三明治，M 点了一盘沙拉和一杯朗姆酒。

我对 M 说："半年不见你瘦了不少嘛，越来越好看啦。"

M："所以只能吃沙拉呀。"

我："你还真能坚持住。我要是这样的话连第三天都熬不过去就会开始暴食。"

M："熬不住了就喝酒呗。"

我："喝酒？你都喝什么酒呀？"

M："烈酒。威士忌、朗姆、波本，什么都喝。最严重的时候一周喝完了一瓶 1.75 升的红方。"

我："这样不太好吧？"

M："那也总比暴食症长胖好吧？没有人知道你在房间里烂醉如泥，但是所有人都能看出来你长胖了。"

我："你之前也会暴食吗？什么时候开始的呀？"

M："从高一确诊抑郁症开始的吧。"

我："高一？这么长时间了吗？怎么从来没听你提到过呢？"

M："没有人会理解的。大家只会觉得是你不自律，是你作，是你馋，是你堕落，总之都是你自己的错。"

M："他们会说，哎呀，你少吃点不就行啦。或者给你推荐一个新的节食计划，告诉你做人要自律。"

M："难道我会'选择'去暴食吗？谁会'选择'暴食？"

M："没经历过的人确实很难理解那种失控的感觉。"

我："不过我还是觉得喝这么多酒不太好。"

M："自从改成喝烈酒以后我瘦了10斤，现在所有人都说我变瘦变好看了，无论如何我也不想回到过去。"

10月6日 星期四

/ 1529 卡路里 / 运动 60 分钟

还是不敢看，再减几天肥再说

晚饭的时候杰森给我和小露讲笑话：

甲和乙两个人在聊天，甲说："我以前以为'相关性'就代表'因果性'，之后我上了统计课，现在我不这样认为啦。"乙说："那么看来这门课让你明白了这个概念。"甲说："嗯……也许吧。"

"是不是超级搞笑？哈哈哈哈哈哈！"杰森一边说着一边大笑。我和小露对视了一下，互相向对方确认这是他的问题。

晚饭过后的划船队训练又是和S在一起。我真的不知道为什么所有的运动场所都要在正前方放一面巨大的镜子，是不是为了让我们看到旁边的人比我们身材好多少、动作比我们标准多少？

我无法正视镜子里的自己，一天的好心情一扫而光，感到无地自容，然后又开始习惯性地渴望食物。训练完以后，我和 S 还有她的姐妹们前后脚往外走，突然意识到了一个很尴尬的问题：我和她们住在同一栋楼的同一层，那么就意味着我们要同行整整 10 分钟。"站着可以自由移动的社交总是要比坐着不能乱动的社交还要刺激"，而且这次多人行中多余的那个人必然是我。想到这个场景，我全身上下都觉得尴尬，于是灵机一动，非常戏精地翻了翻自己的口袋，假装很懊悔的样子，说："啊，真该死，我把水瓶落在训练的地方了，你们先走吧，我回去找找。"打完招呼后，我转身向着训练的地方走过去，听着背后的她们越走越远，感到一阵轻松。

10月8日　星期六

54.7 千克　/　529 卡路里　/　运动 60 分钟

?????

五雷轰顶。为什么会这样？今天早上想称一下体重，看看自己到底胖了多少，跟自己说"真的勇士，敢于直面惨淡的人生"。不过竟然胖了这么多?!我对自己身上的脂肪感到愤怒，坐在地上生闷气，突然想到那天 M 说的话，决定也去尝试一下"酗酒减肥法"。我改变了去图书馆写作业的计划，冲到超市买了一瓶气泡酒，然而回到宿舍以后才意识到自己并没有开瓶器，又跑了三家超市才买到。这人倒霉起来吧，想喝酒都没有开瓶器。更加倒霉的是，买完才发现这酒并不需要开瓶器。

以喝酒为借口吃了两个鸡蛋的蛋白，打开我最喜欢的美剧《马男波杰克》（BoJack Horseman），和里面丧丧的波杰克一起（尝试）酗酒。大概 20 分钟过后，心跳开始加速，全身泛红。我躺在床上，意识到这可能并不是一个好主意。"酗酒号"减肥计划正式失败。

10月9日　星期日

54.5 千克　/　816 卡路里　/　运动 60 分钟

今天和珊珊、珊珊的室友，以及珊珊的准男朋友钟楠一起吃晚饭。其实我最近根本不想出门，不想让任何人发现我失控的生活，可是珊珊的邀请让我盛情难却。

短暂的寒暄之后，我们没有一丝丝防备地直接进入那个熟悉的场景：在场的女生们依次表达对自己身材的不满和对于别人的羡慕。珊珊说："哎呀，我最近都快到 95 斤了，我爸妈每次视频都说我胖，真的不能再吃啦。"听到这话，珊珊的室友立马说："你别闹啦，你看你每天就吃那么一点点，还要运动那么久，我才真的是胖成球了呢。"我坐在旁边感到异常尴尬,不知道该说些什么,因为她们俩都比我瘦一大圈,只好在心里祈祷这个话题赶紧过去。这时候,钟楠说道:"别这么说嘛,你们俩真的一点儿都不胖。"正当我在心里默默松了一口气的时候,他继续说道:"你们都觉得自己胖的话,让梦曦怎么办?"气氛迅速降到冰点,空气中都弥漫着尴尬的味道。我有点想哭,不过还是装作若无其事。吃完饭回到房间,珊珊专门打来电话解释刚才的事情:"梦曦,你别多想哈,他这个人就是喜欢说大实话,根本不过脑子,特别耿直。而且没关系,我最近也长胖啦,咱们一起努力减肥!"

挂断电话,我在书桌前做了一个决定:利用下周二到周日放秋假的这6天的时间进行快速减肥计划。具体来说,我准备前两天什么都不吃,后4天每天严格控制在500大卡以内,外加每天有氧运动一小时。必须要尽快瘦下来,脱离这些尴尬场面,让所有人对我刮目相看。

10月10日 星期一

54.5 千克　/　2498 卡路里　/　运动 60 分钟

制订好了放假这几天详细的学习和减肥计划,我准备在明天正式开始减肥之前,再最后吃一遍所有喜欢的东西。坐在地上一边吃着巧克力饼干,一边看 S 发到划船队群里的消息。

> S　晚上好,姐妹们!我知道大家肯定对秋假感到非常兴奋,计划里肯定有很多很多美食!我找了很多"健康甜点"的配方,大家可以吃得健康又美味。
> - 免烤素食巧克力布朗尼
>   主要配料:杏仁粉、蜂蜜、高品质巧克力粉、有机帝王椰枣
> - 健康"无麸质"巧克力饼干
>   主要配料:杏仁粉、椰子油、蜂蜜、有机鸡蛋、高品质黑巧克力豆
> - 健康花生香蕉麦芬
>   主要配料:燕麦粉、熟透的香蕉、有机鸡蛋、"自然"花生酱
> - 健康菠萝芝士蛋糕
>   主要配料:奶油奶酪、脱脂无糖希腊酸奶、有机菠萝、有机枫糖
> - 花生酱饼干
>   主要配料:椰子粉、"自然"花生酱、赤藓糖醇、高品质黑巧克力
> - 素食胡萝卜蛋糕
>   主要配料:杏仁粉、有机胡萝卜、素食奶油奶酪、素食黄油、蜂蜜
> - 健康草莓圣代
>   主要配料:有机草莓、素食奶油

舔着手指津津有味地翻看 S 发来的健康甜点配方。这个秋假一定要严格遵守减肥计划,比 S 吃得还少,回来以后向所有人证

明自己。就像那句话说的，连体重都无法控制，怎么控制人生？要彻底改变自己，不然男神永远都不会喜欢我，没有人会喜欢我。

10月11日　星期二

54.8 千克　/　0 卡路里　/　运动 60 分钟

起始体重

很好，非常好，继续保持。

10月12日　星期三

54.4 千克　/　0 卡路里　/　运动 13 分钟

啊哈！

昨晚饿得没有睡好，今天早上全身无力，几乎没法起床。不过体重秤上的数字让我非常满意，一定要坚持。躺在床上看着 S 在群里发的"健康饮食"的图片——鸡胸肉沙拉配自制"无蔗糖版牛油果椰枣布朗尼"，想到今天什么都没吃，第一次对自己感到骄傲，仿佛一切都在变好。我也不是一无是处。毕竟连体重都无法控制，还怎么控制人生？

10月13日 星期四

54.1 千克　/　3728 卡路里　/　运动 0 分钟

　　（23：00 宿舍）真该死！现在极度暴躁，想要尖叫。可能是因为太久没有进食，脑子里全都是食物的模样。我刷好牙躺在床上，有气无力地刷着手机，突然看到朋友圈里前男友官宣秀恩爱的照片。难以描述那种感觉，就是理智上知道两个人已经分开，可是当发现另一个人已经彻彻底底地取代了自己的时候，还是会感到失落。宿舍楼里安静得有些恐怖，只有窗外狂风大作的声音。饥饿和空虚感让我又一次疯狂地渴望食物，可是房间里什么吃的都没有，外面又下着大雨，于是我去公共厨房拿了小露放在那里的半盒麦片、一瓶蜂蜜和一瓶番茄酱，然后在半个小时内消灭了这些东西，几乎都感觉不到食物的味道。

　　我到底在做什么？躺在床上感到阵阵恶心，想要逃离自己的身体。我那天为什么要跟他提起自己暴食的事情？他当时一定在和她一起嘲笑我，庆幸和我分开；或许他还会和朋友们议论我。想到这里，我又一次感受到那种无法控制的对于食物的渴望，好像一个恶魔在控制着我。我抓起雨伞，连外套都没穿就冲到了隔壁楼的自动售货机，在那里买了四块巧克力、两根燕麦棒，以及两小袋薯片。回到房间以后，全身都湿透了，我连衣服都没有换，就坐在地上继续机械地往嘴里塞着食物，有那么一刹那我竟恍惚间觉得自己没有那么孤独。

10月14日 星期五

不想称体重 ／ 不想知道 ／ 运动 267 分钟

（05：00 健身房）食物总是在你需要的时候陪伴着你，只不过这短暂的安慰过后总是跟随着巨大的空虚和自责。早起去健身房运动，不知道能不能阻止一部分糖分转化为脂肪。我仍然无法相信自己做了什么。不是说好这个秋假要快速减肥的吗？不是想证明自己吗？"难道你就准备永远这么又胖又丑下去？你看到所有人都那么优秀，一点点羞耻心都没有吗？"为了回归正轨并给自己一个教训，我决定接下来的三天都不吃任何东西，以弥补之前的疯狂行为。

（15：00 宿舍）刚刚去超市买了麦片、蜂蜜和番茄酱，要在小露发现之前补上。我把那包巧克力麦片倒出来一部分，尽量恢复原状，那巧克力的香气让我有些动摇。我只吃一小片，我心想，这是我接下来三天全部的食物。我拿了最小的一片小心翼翼地放进嘴里，那味道既是天堂又是地狱。脑海中那个邪恶的声音跳出来冷笑着对我说：

你这个没有自制力的废物。知道为什么没有人会喜欢你了吧？

这一个麦片像是触碰了暴食的开关，我又开始疯狂地渴望食物、更多的食物、再多一点的食物。我感到无法控制自己，像是坐在一辆失控冲向悬崖的汽车上的司机一样无助。在超市里拎着一筐最最廉价的垃圾食品，结账的时候前面站着一位身穿"Ω"瑜伽服的女生，有着像 S 一样健康又纤细的身材。女生手里拿着一盒鸡胸肉沙拉，旁边又高又帅的男朋友一脸宠爱地搂着她。我觉得自己是世界上最可悲的人。

10月15日 星期六

不敢看体重 ／ 4289 卡路里 ／ 运动 200 分钟

早上起床以后，像个机器人一样直接坐到书桌前面，开始往嘴里塞东西，大脑一片空白，直到干掉了整整一袋巧克力以后才意识到自己在做什么。这让我感到绝望，不知道自己为什么会变成这样。我打开电脑，在网上搜索"为什么我总是有无法控制的进食欲望"，搜索的结果是：

无法控制的进食的欲望
（uncontrollable desire to overeat）

可能很多人都有过"吃多了"（eat too much）的经历，这不是一件严重的事情。然而，如果你经常性地暴食，直到生理不适，并且在这个过程中感到失去控制、无法停止进食，那么你有可能正在受到神经性贪食症（Bulimia Nervosa, BN）或者暴食症（Binge Eating Disorder, BED）的困扰。你可能会经常性地进食大量的食物，同时感到无法控制自己的进食行为，之后陷入极大的负面情绪中；你可能会不停地进食直到生理不适，短暂的安慰过后会感到巨大的内疚、羞耻、悔恨，甚至是抑郁情绪。你可能会快速地进食以至于没有意识到自己在吃些什么；你可能会对自己的情况感到羞耻，于是你习惯独自一个人、在没有他人在场的情况下进食。

暴食症是最为常见的进食障碍（Eating Disorders, ED），**通常开始于青少年晚期和成年早期，很多情况下发生在过度节食之后**。与其他进食障碍（厌食症、神经性贪食症……）相似，暴食症多发于年轻女性，不过任何性别、文化、体型和社会背景的人都有可能受到困扰。暴食症在全球的发病率呈上升趋势。

暴食症有哪些具体信号和症状〔《精神障碍诊断与统计手册》，第 5 版（最新版，DSM-5）〕[1]？

A. 反复发作的暴食。暴食发作以下列 2 项为特征：（1）在一段时间内进食（例如，在半个小时内），食物量大于大多数人在相似时间和相似场合下的进食量；（2）发作时感到无法控制进食[2]。

B. 暴食发作与下列 3 项（或更多）有关：（1）进食比正常情

---

[1] American Psychiatric Association: Diagnostic and Statistical Manual of Mental Disorders: Diagnostic and Statistical Manual of Mental Disorders[M/OL]. 5th Edition. Arlington, VA: American Psychiatric Association, 2013.
[2] 主观上感到"失去控制"是判断暴食的一项重要标准。

况快得多;(2)进食直到感到不舒服的饱腹感;(3)在没有感到身体饥饿时进食大量食物;(4)因进食过多感到尴尬而单独进食;(5)进食之后感到厌恶自己、抑郁或非常内疚。

C. 对暴食感到显著的痛苦。

D. 在3个月内平均每周至少出现1次暴食。

如果在"反复发作的暴食"的基础上,你还出现:(1)反复出现的过分的补偿型行为,例如,催吐、使用泻药、断食或强迫性过度运动,以防止体重增加;(2)对自己的身材和体重过分关注。那么则与神经性贪食症的诊断标准更为接近。

进食障碍可能的成因:

总的来说,进食障碍的成因非常复杂,而且每个人都不一样。可能的因素包括社会和文化、心理和情绪,以及生理因素。

A. 社会和文化因素:

● 以"瘦就是一切"(thin-ideal)为审美标准的社会和文化环境[1],以及对于这种观念的内化(thin-ideal internalization):对于"瘦就是好"这种观点的内在认同会提高对"瘦"

---

[1] NICOLE H P, SCOTT R H, MAC G, et al. The Impact of exposure to the thin-ideal media image on women [J/OL]. Eating Disorders, 2004, 12(1): 35-50 [2021-04-10]. https://doi.org/10.1080/10640260490267751.
MCCARTHY M. The thin ideal, depression and eating disorders in women [J/OL]. Behavior Research and Therapy, 1990, 28(3): 205-215 [2021-04-10]. https://doi.org/10.1016/0005-7967(90)90003-2.

的追求（drive for thinness），显著提高进食障碍的风险①，并伴随着其他心理和情绪问题，例如，低自尊、身材焦虑和负面情绪②。

● 普遍存在的"身材歧视"（weight stigma）：研究显示，基于体重和身材的歧视会提高身材焦虑（body dissatisfaction）和负面情绪，提高情绪性进食（emotional eating）和失控性进食（uncontrollable eating）的风险，增加进食障碍以及肥胖的风险③。

B. 心理与情绪因素：

● 完美主义：完美主义是导致进食障碍最重要的因素之一。其中最为显著的是一种叫作"自我导向的完美主义"（self-oriented perfectionism），具体表现为：给自己设定不切实际的

---

① STICE E, GAU J M, ROHDE P, et al. Risk factors that predict future onset of each DSM-5 eating disorder: predictive specificity in high-risk adolescent females[J/OL]. Journal of Abnormal Psychology, 2017, 126(1): 38-51[2021-04-10]. https://doi.org/10.1037/abn0000219.
SCHAEFER L M, BURKE N L, THOMPSON J K. Thin-ideal internalization: how much is too much[J/OL]. Eating and Weight Disorders, 2019, 24: 933-937 [2021-04-10]. https://doi.org/10.1007/s40519-018-0498-x.
CAFRI G, YAMAMIYA Y, BRANNICK M, et al. The influence of sociocultural factors on body image: a meta-analysis[J/OL]. Clinical Psychology: Science and Practice, 2005,12(4): 421-433 [2021-04-10]. https://doi.org/10.1093/clipsy.bpi053.

② THOMPSON J K, STICE E. Thin-ideal internalization: mounting evidence for a new risk factor for body-image disturbance and eating pathology[J/OL]. Current Directions in Psychological Science, 2001, 10 (5): 181-183 [2021-04-10]. https://doi.org/10.1111/1467-8721.00144.

③ CHENG M Y, WANG S M, LAM Y Y, et al. The relationships between weight bias, perceived weight stigma, eating behavior, and psychological distress among undergraduate students in Hong Kong[J/OL]. The Journal of Nervous and Mental Disease, 2018, 206(9): 705-710 [2021-04-10]. https://doi.org/10.1097/NMD.0000000000000869.
WELLMAN J D, ARAIZA A M, NEWELL E E, et al. Weight stigma facilitates unhealthy eating and weight gain via fear of fat[J/OL]. Stigma and Health, 2018, 3(3): 186-194 [2021-04-10].https://doi.org/10.1037/sah0000088.
NOLAN L J, ESHLEMANN A. Paved with good intentions: paradoxical eating responses to weight stigma[J/OL]. Appetite, 2016, 102: 15-24 [2021-04-10]. https://doi.org/10.1016/j.appet.2016.01.027.

目标[1]。

- 低自尊[2]。
- 对于身材的不满和厌恶[3]。
- 不够完善的应对情绪的方法（emotional dysregulation），例如"压抑"（suppression）和"反刍思维"（rumination）[4]。
- 认知偏差（cognitive distortions）[5]，包括但不限于：

"非黑即白"的思维模式（all-or-nothing thinking）：认为所有的事情都处在两个极端，没有中间地带。比如，"我绝对不

---

[1] BARDONE-CONE A M, WONDERLICH S A, FROST R O, et al. Perfectionism and eating disorders: current status and future directions[J/OL]. Clinical Psychology Review, 2007, 27(3): 384-405 [2021-04-10]. https://doi.org/10.1016/j.cpr.2006.12.005.
SHAFRAN R, COOPER Z, FAIRBURN C G. Clinical perfectionism: a cognitive-behavioral analysis[J/OL]. Behavior Research and Therapy, 2002, 40(7): 773-791 [2020-12-02]. https://doi.org/10.1016/s0005-7967(01)00059-6.

[2] MORA F, FERNANDEZ R S, BANZO C, et al. The impact of self-esteem on eating disorders[J/OL]. European Psychiatry, 2017, 41(S1): 558 [2021-04-10]. https://doi.org/10.1016/j.eurpsy.2017.01.802.

[3] LAPORTA-HERRERO I, JAUREGUI-LOBERA I, BARAJAS-IGLESIAS, et al. Body dissatisfaction in adolescents with eating disorders[J/OL]. Eating and Weight Disorders : EWD, 2018, 23(3): 339-347 [2021-04-10]. https://doi.org/10.1007/s40519-016-0353-x.

[4] MONELL E, CLINTON D, BIRGEGARD A. Emotion dysregulation and eating disorders-associations with diagnostic presentation and key symptoms[J/OL]. The International Journal of Eating Disorders, 2018, 51(8): 921-930 [2020-09-19]. https://doi.org/10.1002/eat.22925.
SLOAN E, HALL K, MOULDING R, et al. Emotion regulation as a transdiagnostic treatment construct across anxiety, depression, substance, eating and borderline personality disorders: a systematic review [J/OL]. Clinical Psychology Review, 2017, 57: 141-163 [2020-09-19]. https://doi.org/10.1016/j.cpr.2017.09.002.
PREFIT A B, CANDEA D M, SZENTAGOTAI-TATAR A. Emotion regulation across eating pathology: a meta-analysis[J/OL]. Appetite, 2019, 143: 104438 [2020-09-19]. https://doi.org/10.1016/j.appet.2019.104438.

[5] The London Center for Eating Disorders and Body Image. Common cognitive distortions [EB/OL]. (2020-05-20)[2020-09-28]. https://www.thelondoncentre.co.uk/treatment-read-more/common-cognitive-distortions.不健康的认知模式是一种在生活中常见的现象。不仅仅是进食障碍，这些认知模式也是导致抑郁症、焦虑症和其他心理/情绪问题的重要因素。
DRITSCHEL B H, WILLIAMS K, COOPER P J. Cognitive distortions amongst women experiencing bulimic episodes[J/OL]. International Journal of Eating Disorders, 1991, 10: 547-555 [2020-09-19]. https://doi.org/10.1002/1098-108X(199109)10:5<547::AID-EAT2260100507>3.0.CO;2-2.

能吃巧克力！一小口都不行……真该死! 不小心吃了一口，那干脆放开吃吧，明天重新开始。"

"灾难化"结果（catastrophizing）：过分放大可能的后果。比如，"如果我长胖2斤的话，就没有人会喜欢我。我会孤独终老，和我的9只猫一起。"

"个人化"结果（personalization）：在没有足够理由的情况下将外界事件和自身联系起来。比如，"他还没有回复我的消息，肯定是因为我不够瘦。"

过分概括（overgeneralization）：在没有足够证据的情况下，基于一个单独的事件推论出一个不全面的结论。比如，"我昨天在朋友的生日聚会上吃多了，所以我肯定每天都会吃多，我就是个没有意志力的人。"

"读心术"（mind-reading）：假设我们完全确定别人在想什么。比如，"所有人都觉得我胖。虽然他们没有说什么，不过肯定是这样的。"

"过滤积极的事件"（disqualifying the positive）：拒绝承认积极、正面的信息，只关注消极、负面的事件。比如，"他今天说我好看，不过我知道他只是在安慰我。"

"情绪化的思考过程"（emotional reasoning）：将情绪当作推断事实的依据。比如，"我觉得自己很胖，所以我就是很胖。"

- 创伤性的过往经历，或令人感到压力、负面情绪的事件

(stressful life events)[1]。例如，校园霸凌。研究显示，霸凌者和被霸凌者在成年后受到进食障碍困扰的概率都显著提升。换句话说，霸凌会提高进食障碍的概率，而且对于双方都是（另一个停止霸凌的理由！）。[2]

C. 生理因素：

- 家族病史[3]
- 节食经历[4]

很多人没有意识到的是，进食障碍绝对不是"个人选择"，而是一种严肃的心理问题；其中神经性厌食症（Anorexia Nervosa，AN）是致死率最高的心理疾病[5]。进食障碍很有可能伴随着另外一种或几种心理问题：56.2%的厌食症人群，94.5%的神经性贪食症人群，78.9%的暴食症人群满足至少一个其他精神或心理疾病的诊断标准，48.9%满足三个甚至更多。其

---

[1] LOTH K, WAN DEN BERG P, EISENBERG M E, et al. Stressful life events and disordered eating behaviors: findings from Project EAT[J/OL]. The Journal of Adolescent Health : official publication of the Society for Adolescent Medicine, 2008, 43(5): 514-516 [2020-11-08]. https://doi.org/10.1016/j.jadohealth.2008.03.007.
ROJO C. Influence of stress in the onset of eating disorders: data from a two-stage epidemiologic controlled study[J/OL]. Psychosomatic Medicine, 2006, 68(4): 628-635 [2020-11-08]. https://doi.org/10.1097/01.psy.0000227749.58726.41.
[2] COPELAND B. Does childhood bullying predict eating disorder symptoms? A prospective, longitudinal analysis[J/OL]. The International Journal of Eating Disorders, 2015, 48(8): 1141-1149 [2020-11-08]. https://doi.org/10.1002/eat.22459.
[3] LILENFELD L R, RINGHAM R, KALARCHIAN M A, et al. A family history study of binge-eating disorder [J/OL]. Comprehensive Psychiatry, 2008, 9(3): 247-254 [2020-11-08]. https://doi.org/10.1016/j.comppsych.2007.10.001.
[4] ANDRES A, SALDANA C. Body dissatisfaction and dietary restraint influence binge eating behavior[J/OL]. Nutrition Research, 2014, 34(11): 944-950 [2020-11-08]. https://doi.org/10.1016/j.nutres.2014.09.003.
HILL A. Pre-Adolescent Dieting: Implications for Eating Disorders [J/OL]. International Review of Psychiatry, 1993, 5(1): 87-100 [2020-11-08]. https://doi.org/10.3109/09540269309028297.
[5] National Institute of Mental Health. Spotlight on eating disorders[EB/OL]. (2012-02-24) [2021-01-27]. https://www.nimh.nih.gov/about/directors/thomas-insel/blog/2012/spotlight-on-eating-disorders.shtml#.

中，神经性贪食症人群 41.3% 同时满足社交恐惧症（social phobia）的诊断标准，80.6% 满足任意一种焦虑症的标准，50.1% 满足抑郁症，17.4% 满足创伤后应激障碍，36.8% 药物成瘾[1]。

值得注意的是，尽管满足 DSM-5 诊断标准的、具有显著临床意义（clinically significant）的进食障碍仍然相对少见（神经性厌食症：0.9% 女性，0.3% 男性；神经性贪食症：1.5% 女性，0.5% 男性；暴食症：3.5% 女性，2.0% 男性），没有完全满足临床诊断标准（sub-clinical）却仍给当事人造成严重困扰的"失调性进食"（disordered eating）则相对普遍。

读到这里，我有些无所适从，不知道该怎么办。我打开社交平台，输入"暴食"，看到一些人非常勇敢地分享自己的亲身经历，感到一丝真实的安慰，其实我并不是一个人。直到我继续往下翻到评论区：

你最近确实有点胖了哟，不能再吃啦！

瘦下来就会发现，其实丑的是脸。

推荐失恋，真的会瘦哟！

有这个功夫为什么不去健身？还是自制力的问题！

还好我怎么吃都不胖。

---

[1] HUDSON J I, HIRIPI E, POPE H G, et al. The prevalence and correlates of eating disorders in the National Comorbidity Survey Replication[J/OL]. Biological Psychiatry, 2006, 61(3): 348-358. https://doi.org/10.1016/j.biopsych.2006.03.040.

现在的人都什么毛病？闲得慌！

哇，吃这么多？真有钱！

好变态哟！

又懒又蠢，不值得同情！

所以说自律才是解决一切问题的方法。

这东西有什么好吃的呀？给我我都不要！

还是要管住嘴，迈开腿呀！

好恶心，真是脑子有病！

不要这么贪吃嘛，好看的小裙子都穿不上啦！

果然所有人都觉得这是我们的错。我决定要做一个更加"自律"的人，用最快的速度瘦下来，一次性解决脂肪和暴食的问题。只要我可以瘦下来，一切都会变好。

10月17日 星期一

／ 0卡路里 ／ 运动0分钟

> 我完全不想知道

起床以后穿着肥大的睡衣去厨房寻找可以让自己快速清醒的东西，发现S穿着"Ω"的瑜伽服在做早饭。我感到非常懊悔，如果秋假这几天如计划一样什么都不吃的话，现在每个人都会对我刮目相看。看到我以后，S露出一个灿烂的笑容，说："早上好呀！今天的天气可真不错，我刚刚出去跑了一圈，感觉很舒服。"说着她从冰箱里拿出一袋混合莓果和一盒杏仁奶，继续说："这是我的早餐奶昔，我现在在进行一个'30天全天然饮食挑战'，现在已经是第23天啦。""这听起来可真棒！"我笑着对S说，然后找了个借口匆忙逃跑。我决定今天什么也不吃。

神经科学课上，教授布置了下周一进行的两人一组"小组展示"考核的搭档名单及展示题目。我的搭档是一位……不经常能在课上见到的小姐姐，希望不要出什么乱子。

10月18日 星期二

/ 921卡路里 / 运动60分钟

过两天再说

今天划船队的训练内容是3个750米划船机测试，每个测试之间只休息3分钟。到了第二个750米的时候，队里一位很瘦很瘦的女生突然出现了低血糖的情况，只好提前结束训练。之后，教练H在群里说："今天咱们有一位同学在训练的时候身体出现了一些状况，原因是一整天都还没有吃东西。我知道你们中的一些人可能在执行一些不同的进食计划，但是划船是一项非常耗费体力的运动，不可以一边节食一边进行。希望大家都可以保证充足的能量摄入。"我一边跟其他人一样回应教练，一边心想为什么人家都已经这么瘦了还可以做到一天都不吃东西，而我却总是管不住自己。比你起点高的人比你还努力，真是一件极其可怕的事情。我决定向S学习，尝试一下"30天全天然饮食挑战"；这个挑战的具体规则用一句话概括就是：如果什么东西很好吃，那么你就不要吃。

从明天零点正式开始挑战。

10月19日 星期三
54.3千克　/　172卡路里　/　运动60分钟

起始体重；松了一口气，还不算太糟糕

（07：00）很好，今天到现在为止都还没有吃任何非全天然的东西。

（07：30）还是没有。

（08：30）非常好。

（14：00 图书馆）和神经科学课上一起做小组展示的女生L约好下午两点在图书馆见面，我饿得有些心烦意乱，只希望时间赶快过去。之前给她发了4封邮件才收到回复，下周一就是小组展示，我们还是第一组，真的不可以继续拖延下去了。

（14：20 图书馆）还是不见她的踪影。

（14：25 图书馆）收到 L 的消息："嘿！我刚刚开完上一个组会，还没有吃午饭，可以等我先吃个饭吗？"我有些不满，心想哪里有这么干的，等你那么久了，你至少应该提前告诉我一声。拿起手机，双手不自觉地写下："没关系，不用着急，我就在图书馆等你！"

（15：10 图书馆）L 终于出现，我挤出一个很假的笑容和她打招呼。

10月20日　星期四

54.0 千克　/　495 卡路里　/　运动 60 分钟

今天是"30 天全天然饮食挑战"的第二天。这两天不仅没有吃垃圾食品，而且总热量都不超过 500 卡路里，算是超额完成任务。下午的划船队训练，我和上次因为低血糖而体力不支的女生一起走过去。教练 H 见到我们，先跟我打了个招呼，然后问她今天有没有吃东西，"吃了，而且是三顿饭都吃啦。"她回答 H。果然我的体型一看就不像不吃东西的，所以要努力减肥，争取以后也能有人问我今天有没有吃饭。

10月21日 星期五

53.8 千克　/　1827 卡路里　/　运动 120 分钟

　　今天是"30天全天然饮食挑战"的第三天，也是最后一天。上午的统计课考试之前，教授带来整整三大盒的甜甜圈，为接下来的考试准备一些"甜蜜的刺激"（听到这话我就知道考试一定特别难，果然如此）。一直在提醒自己绝对不可以吃甜甜圈，那个东西就是炸面包团裹上一层厚厚的糖霜和巧克力，世界上还有比这更不全天然的食物吗？然而那东西简直飘香万里，每当我想要集中注意力做题的时候，脑海中都会响起极富节奏感的"甜甜圈~甜甜圈~甜甜圈呀甜甜圈~"我终于忍不住伸出了罪恶的小手，拿了一个甜甜圈；考完试后在教授的坚持下，又拿走了最后的6个甜甜圈。"全天然饮食"号减肥计划正式失败。

10月23日 星期日

53.2 千克　/　0 卡路里　/　运动 0 分钟

哈！

　　（18：00 图书馆）非常好，将近48个小时没有吃东西，体重到达近期的最低值。我强忍着饥饿，想着最后再熬一个晚上，明天小组展示之后可以奖励自己一块巧克力饼干。打开共享文档想把我和 L 分别做的两部分幻灯片合在一起，震惊地发现 L 还没有上传任何文件，发消息也没有任何回复。

（18：15 图书馆）没有回复。

（18：30 图书馆）没有回复。

（18：45 图书馆）还是没有。

（19：00 图书馆）什么动静都没有。

（19：15 图书馆）空空如也。

（19：20 图书馆）什么是生活？生活就是一直在等别人的回复，却怎么也等不来。

（19：30 图书馆）说真的，我有一种不祥的预感。

（19：45 图书馆）没有回复。

（20：00 图书馆）L终于发来消息，说自己不小心忘了这件事，现在在外面吃饭还没有回来，问我可不可以帮她做一下。我感到急火攻心，差点冲着旁边吃薯片的小哥尖叫。今天怕不是要通宵。

10月24日 星期一

（02：23 图书馆）图书馆的外面一点点安静下来，只能零星听到周围一些打字的声音。在3瓶无糖可乐的刺激下，终于帮L做完了她的部分；因为怕她展示的时候不知道该说些什么，我还帮她写了要点。希望明天（今天）一切顺利。

（03：40 床上）梦到因为闹钟没有响而错过了 8 点半的小组展示，在冷汗中惊醒，发现才 3 点多。

（04：00 床上）啊啊啊啊啊，迟到啦！

（04：02 床上）哦，还好，才 4 点。

（04：40 床上）梦到一睁眼已经 11 点多了，疯狂地跑向地铁站，但是地铁站的工作人员因为我穿着红色的衣服而坚决不让我进地铁，于是我站在地铁站的门口号啕大哭。

（04：50 床上）所以我就很好奇那些可以睡过重要安排的人，到底是怎么做到的。

（05：15 床上）好紧张，这个小组展示占总成绩的 20%，绝对不能搞砸。

（05：20 床上）现在出奇的清醒。

（05：30 床上）如果今天突然下超级暴雨，学校宣布停一天课多好！

（05：50 床上）或者《纽约时报》发布紧急通知，证实小组展示这种教学方式会加剧全球变暖，教授永久性取消这项任务。于是我们利用这个时间一起学习如何管理自己的情绪，然后和朋友去看老电影。

（06：30）实在无法入睡，于是爬起来又练了一遍展示的内容。我跟自己说，不要紧张，紧张只会让我表现得更加糟糕，然而这让我更加紧张。

（07：30）外面开始下小雨。昨晚睡得太少，感到头昏脑涨，脑袋里像装满了糨糊，完全转不动。因为饿得全身发抖，提前透支了两块巧克力饼干和一杯蜂蜜味酸奶。今天绝对不可以再吃任何东西。

（08：27 神经科学教室）天呐，还有3分钟上课，然而L还没有来。她不会真的睡过头了吧？

（08：29 神经科学教室）不要吓我。

（08：31 神经科学教室）谢天谢地，终于来啦！

（08：45 神经科学教室）我现在很想找个地缝钻进去，或者尖叫着离开这里。刚才一站在教室的最前面就感到全身发抖，心跳加速，大脑一片空白，连一个完整的句子都说不出来。"要冷静，不能紧张"，我在心里命令自己，可是越是这样我就越紧张，底下的同学都是一副"这个人在干什么"的表情，坐在旁边的"Pre-med"（医学预科）小哥直接翻开《有机化学》开始做笔记。更加丢人的是，英语是母语的L看着我熬夜写的要点讲得非常流利，我站在旁边度秒如年，感觉在接受所有人的审判。我在心里默默祈求着这一切赶紧结束。

回到座位上，脸上火辣辣的，觉得所有人都在嘲笑我。如果你是第一个做什么事情的，而你恰恰又在这件事上有灾难性的表现，那么接下来的每一秒都像是公开羞辱，仿佛每个人都在用实力嘲讽你是个废物。

（08：52 神经科学教室）坐立不安，疯狂地想要食物。

（09：10 神经科学教室）我需要巧克力，害怕自己会尖叫出来。

（09：35）冒着下节统计课迟到的风险，去旁边的自动售卖机买了一块巧克力，试图转移注意力，忘记刚刚发生的灾难。然而，这并没有什么用，脑子里不停地回放刚才的愚蠢场景，几乎要哭出来。为什么我这么没用？为什么我什么都干不好？我就是一个废物，大家一定都在嘲笑我。

（10：20）终于熬到下课。直接冲到超市，无法控制自己对高热量食物的需要，像一个坐在失控冲向悬崖的汽车上的司机一样无助。拎着一筐最最廉价的食物，我低着头，祈祷不要碰见认识的人看到如此堕落的我。如果一会儿结账的阿姨问起来，我就说今天晚上要和朋友们一起开派对。刚出超市就开始下大雨，然而我并没有带伞，甚至连外套都没有帽子。有时候感觉整个宇宙都在跟自己作对。我把其中一袋软糖放在外套口袋里，一边走一边往嘴里塞。快到宿舍的时候，一个无家可归的老人拦住我管我要钱，我没有现金，于是他愤怒地朝我喊："你这个混蛋。"我在雨中哭了出来，回到房间后，我把购物袋、书包和外套都扔在地上，开始狂风暴雨般地吞咽食物，企图逃离这一切。

（16：00）感到极其恶心，有生理的恶心，不过更多的是对自己的厌恶。刚才短暂地开心了那么一小会儿，然后又陷入低

二十岁这一年发生了什么？　　　　　　　　　　　　　081

迷。开心是因为男神回复了我大概一个月前的信息，低迷是因为我又一次因为冲动而问出了极其愚蠢的问题。

男神：不好意思，最近在旅游信号不好。

男神：上次的信息没有发出去。

男神：*风景照*

男神：*风景照*

男神：*风景照*

男神：昨天在飞机上拍的。

我像是抓住了最后一根救命稻草，问男神：

我：那个，你最近有没有考虑过？你觉得我们还有可能吗？

（17:00）没有回复。

（18:00）还是没有。

（19:00）收到一条信息，不过是统计课同学 W 发来的，让我去给她讲题。本来想找个理由拒绝，结果 W 说最近的生活一团糟，家里有些事情，自己的身体也不太好，求我帮帮忙，于是我只好答应。起身换了套干净的衣服,确认自己的脸上和手上没有食物残渣,来不及收拾一地狼藉就出了门。

(20:30)刚给 W 讲完题出来,看到手机上有 8 条未读消息,都是小露发来的。

小露：亲爱的,你在房间吗?

小露：你还记得我上次借你的那本神经科学的书吗?

小露：就是那本《错把太太当成帽子的男人》。

小露：你在房间吗?我马上要开小组会议,急用那本书。

小露：在吗在吗?

小露：那个……我发现你房间的门没有锁,我可以自己进去拿吗?

小露：我进你房间把书拿走啦,实在不好意思……

小露：我不应该自己进你房间的,但是真的急用。

看到小露的消息，我愣了好几秒，然后才反应过来发生了什么。所以小露看到了我房间里的一片狼藉？她一定觉得我特别恶心，说不定再也不想搭理我了。我感觉像是被扯下了最后一块遮羞布，彻底暴露了最为不堪的一面。脑子里嗡嗡作响，在宿舍楼附近徘徊，迟迟不想回到房间，那个地方让我感到羞耻。决定先去图书馆宿舍楼地下一层把明天要交的艺术史作业打印出来，让自己冷静一下。试了两台打印机，发现都没法正常工作，我感到绝望，眼泪情不自禁地喷涌而出。旁边在排队的男生，一脸惊讶地问我发生了什么，我一时语塞，不知道该说些什么，只好低着头逃跑。

10月28日 星期五

> 我不知道自己在做什么，好像一整天都只是在房间暴食……

终于等来男神的回复，只不过并不如我期待的那样。

男神：实在抱歉这几天有些事情，没有及时回复。首先我确实觉得你很吸引我，不过我最近一直在忙申请学校的事情，之后也需要思考一下未来的打算，可能真的没有精力去维持一段认真的感情。与其这样，不如我们保持联系，以后换一个更合适的时机再开始一段感情。

全身上下没有一点力气,躲在房间里放着音乐麻木地往嘴里塞着食物。小露和杰森来敲我的门,问我想不想一起去吃饭,我赶紧调低了音乐,关上灯,假装自己不在房间里。总是在情绪糟糕的时候企图从错误的地方获得"拯救",然后陷入更加糟糕的境地。如果所谓的"救命稻草"不按照你希望的方向发展的话,就会变成压死骆驼的最后一根稻草。听着门外熙熙攘攘的说笑声,我感到一种就像一点一点沉入海底的独孤和无助。过了很久,我打开学校"心理咨询中心"的网页,根据上面的信息预约了下周四的"一对一心理咨询"(individual counseling session)[1],我想自己可能真的需要一些帮助。

---

[1] 不同地区和学校提供的学生心理健康咨询服务可能会有所不同。书中的10次心理咨询主要遵循"认知-行为疗法"(Cognitive Behavioral Therapy, CBT)的理论基础,这是一种"基于实证"(evidence-based)的心理干预方式。
主人公梦曦的情况最为接近"神经性贪食症"的诊断标准,包括反复出现的暴食和以断食、过度运动为主的不健康的补偿方式,以及对于身材体重的过度关注;不过因为篇幅的限制,梦曦的情况在持续时长和频率上其实并不完全满足这个诊断标准。为了突出主题,接下来的内容中仍然会使用"进食障碍"这个词。
进食障碍有复杂的成因,不同的人也会有不同的情况,这不是一本用于治疗的专业书籍。下文心理咨询的对话内容全部为虚构。

第二部分

我知道那只是食物，不是爱——可是没有爱，失去安全感的时候，我又该怎么办呢？

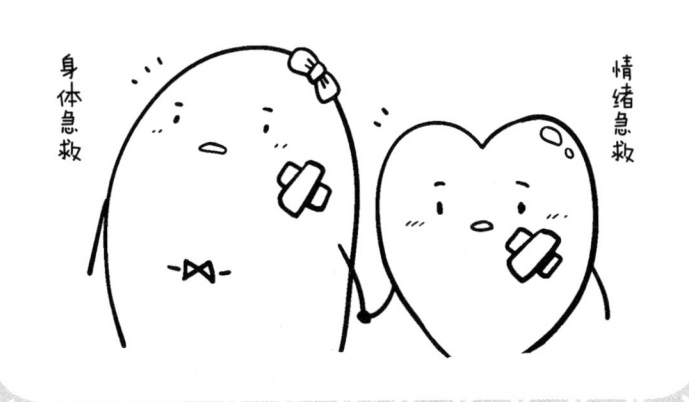

身体急救　　情绪急救

与心理咨询师的第一次对话

11月3日　星期四

　　（15：00 心理咨询中心）今天是第一次心理咨询。像要求的那样，我提前15分钟来填写一些问卷，主要询问了我最近的心理和情绪状态，以及我主要想解决的问题。咨询师叫肖恩，是一位40岁左右的男性。咨询室放着两张面对面的小沙发，沙发的中间放着一张小桌子，桌子上面有一包面巾纸，旁边还有一个垃圾桶。我瞥见墙上挂着肖恩的毕业证书，上面写着"临床心理学，博士"。

　　"请坐，"他非常温和地对我说，"你好，我的名字是肖恩，我看到你在填写的信息中提到想要聊一些关于失调性进食、身材焦虑以及压力和负面情绪的问题，你介意和我聊聊吗？我的意思是，如果你更希望找一位女性咨询师，我完全理解并尊重你的决定，不会感到冒犯。"在我说不介意之后，咨询正式开始。

　　肖恩：有什么我可以帮助你的吗？

　　我：其实我也没有遇到什么惊天动地的大事，不好意思浪费你的时间。我只是最近一直有很多的负面情绪，产生了一些不好的行为，然后导致情绪更加低落。我觉得周围好像没有人可以理解，也不想总是打扰别人，所以就想到来这里。

肖恩：非常感谢你的信任。你没有浪费我的时间，我们在这里就是为了可以帮助你们的。这里曾经做过统计，大概有20%的学生群体都使用过心理咨询服务，所以你完全不需要觉得自己和别人不一样或有任何心理负担。

我：谢谢。那我需要把所有情况都告诉你吗？

肖恩：当然是你说得越多，我们就更容易一起找到事件之间的联系。不过一切都以你的感受为主，你不需要强迫自己说或者做任何还没有准备好的事情。我想着重说明的是，你在这里所说的一切我们都会严格保密，除非内容涉及对你自身或者其他人的重大伤害。

我：好的，我明白。我最近，大概有一个多月了吧，经常会暴食，而且是越想减肥就越容易暴食。我不知道为什么自己会如此不自律，越来越讨厌自己。

肖恩：了解。你之前出现过类似的情况吗？

我：其实我一直是个吃货（笑），个别时候也会用食物来转移注意力，不过现在好像和以前的那种"不小心吃多了"很不一样。

肖恩：可以具体说说，现在和以前有什么不一样吗？

我：以前我可能会偶尔在写作业的时候去买一包薯片或者一杯饮料，或者有空的时候和朋友们一起去吃我们最爱的垃圾食品，遇到特别好吃的东西也会吃很多，食物可以让我很开心。不过最近这一个多月，我总是会去超市买很多很多很多的食物，而且都是平时因为减肥而不允许自己吃的东西，然后冲回房间，锁上门，自己一个人坐在地上麻木地往嘴里塞东西。我觉得大部分时候好像都并没有咀嚼，根本不知道食物的味道，就只是机械地吞咽，直到躺在床上一动不敢动，翻个身都觉得要吐出来。

肖恩：你的意思是，你现在会在短时间内吃下大量食物，直到生理不适，而且在这个过程中感到无法控制进食行为？

我：是的，我知道这听起来非常糟糕。其实我非常非常想减肥，每次暴食后都会有一段时间不吃任何东西，或者去运动很长时间，不过这些好像都让我更加容易暴食。我不知道为什么自己的自控力这么差，可能我就是一个不自律的人。每次暴食一发作，我就感觉自己像坐在一辆刹车失灵的汽车上的司机一样，明知道可怕的事情马上就要发生，可就是无能为力。我对食物感到恐惧，又对食物极度依赖。我真的不是在找借口，我不知道自己为什么会变成这样。

肖恩：我理解，谢谢你愿意告诉我你的真实感受，我想这肯定需要很多勇气。你有和周围人提到过这个情况吗？你的父母？朋友？

我：我从来没跟爸妈说过，不想让他们担心。刚开始的时候跟几个朋友提到过，我觉得大家可能都不太理解吧，就是说什么"那就少吃点呀",或者直接给我推荐一个新的减肥计划。我知道他们肯定是好心,不过说实话我并不想听到这些。真的不是我要"选择"暴食的,谁会"选择"周五晚上自己一个人躲在房间里一边哭一边麻木地往嘴里塞食物?这个学校里到处都是什么都能做到完美的人,只有我连食欲都控制不住。后来暴食越来越频繁,我觉得特别特别羞耻,就再也没有和别人提起过,我不想让大家觉得我是个怪物。

肖恩:周围的朋友没有察觉到什么吗?

我:应该没有。我每次都会用不透明的书包或者购物袋去几个不同的地方买东西,然后回到房间自己一个人暴食,再等到半夜或者没人注意的时候,用不透明的袋子把食物包装扔出去。每次暴食后我都会做一些补偿,比如断食或者疯狂运动,所以其实可能并没有长胖那么多;不过虽然体重没有什么明显的变化,但现在食物几乎完全支配着我的生活。

肖恩:我理解你的意思。这是人们普遍对于进食障碍和失调性进食一个非常大的误区,以为只有特定体型的才会受到困扰。 事实上,任何体型的人都有可能正在悄悄地与进食障碍作着斗争,这会影响我们生活的很多方面,不仅仅与体重有关。你刚才提到了节食,可以具体跟我说说吗?

我:我感觉暴食可以在任何时候发作,有时候甚至都没有什么具体的原因,但确实在饥饿的状态下更容易出现。我经常给自己制订严格的节食计划，比如这一天只能摄入 500 卡路里，或者干脆什么都不吃，然而这种饥饿感会让我极度渴望食物，就是那种情绪低落、无法集中注意力干任何事情、脑子里只有食物的感觉。每次只要吃了一口不该吃的东西，就会心想：反正今天已经毁了，那干脆就把所有喜欢的、平时不能吃的东西都吃一遍，然后从明天开始进行更为严格的节食计划。好像最近我的每一天都在节食或者暴食中度过，没有任何中间地带。

肖恩：这是典型的"去他的效应"（what-the-hell effect）在作祟。这是一种在长期节食者中间非常普遍的心态，大概的意思就是，长期节食者可能会每天严格地控制热量摄入，不过一旦因为某个意外而超过了这个限额，就会在心里想"去他的，反正今天的减肥计划已经泡汤，那不如去把想吃的都吃一遍，明天重新开始"。很多心理学研究都发现，非节食者在意外摄入高于平时的热量后，会自然而然地减少或者停止进食，而长期节食者则正好相反，在超量后反而会开始更加没有控制地进食[1]。这是因为非节食者更多地遵循"生理信号"来判断是否还感到饥饿、是否还要继续进食，而节食者则是试图忽略身体发出的信号，仅仅依靠外部的信号来判断——比如，计算卡路里的软件。这样的

---

[1] POLIVY J, HERMAN C P, DEO R. Getting a bigger slice of the pie. Effects on eating and emotion in restrained and unrestrained eaters[J/OL]. Appetite, 2010, 55(3): 426-430 [2020-10-01]. https://doi.org/10.1016/j.appet.2010.07.015.

"节食心态"很容易导致体重频繁地上下波动，也就是我们常说的"悠悠球节食"（yo-yo dieting），也增加"节食-暴食"循环的风险，非常不利于身心健康。

我：说的没错，我就是这样的。所以我觉得吧，这一切都是因为我太胖，而且非常不自律。如果我可以一鼓作气减到90斤的话，这所有的问题都会迎刃而解。我秋假的时候就想着长痛不如短痛，5天的时间待在房间里什么都不吃，用最快的方式来减肥，可惜最后不仅没有做到，反而暴食了好几天。我每一天晚上都觉得明天是新的一天，可是第二天总是重蹈覆辙。我对自己特别失望，感到非常羞耻，为什么我就不能自律一点呢？

肖恩：首先我必须要说，我很庆幸你没有一个人在房间里断食5天，这听起来真的很危险。你一直在责备自己不够自律，想要更努力地节食，事实上节食不仅不能解决任何问题，反而会加剧问题[1]。这和所谓的自控力没有关系，这只是大脑在努力确保我们的生存。你有没有听说过著名的"明尼苏达饥饿实验"？在这个实验中，身体和心理原本都健康的成年男性在专业人士的指导下试图通过极其严格的饮食和运动计划来减

---

[1] AAMODT S. Why diets make us fat: the unintended consequences of our obsession with weight loss [M]. Scribe Publications, 2016.

掉自身25%的体重[1]。参与者在刚开始的时候确实体重快速下降，不过一段时间后他们的基础代谢出现大幅度下降，体重下降速度减慢。更关键的是，饥饿的参与者们都出现了不同程度的抑郁、沉默寡言、精神萎靡，发展出对于食物的强迫性关注和越来越奇怪的进食习惯，并且食物成了他们生活中唯一着迷的东西，比如一动不动地盯着美食的图片看2个小时，或者一天咀嚼多达40包的口香糖。很多人出现了厌食症或者暴食症的症状，一位参与者甚至在绝望中用斧头砍下了自己的三根手指。这是因为当我们过度节食的时候，大脑会误以为我们的生存受到了威胁。比如，遇上了饥荒，于是掌管"饥饿与进食"的下丘脑就会发出信号让我们大量进食，以便应对未来的不确定性[2]。我知道这听起来让人非常恼火，不过在人类历史上，饥荒的时间可比食物过剩的时间多得多，所以大脑的这种反应其实是非常正常的。这不是一个是否"自律"的问题，而是一种生存本能，从某种意义上来说，在自发的"过度节食"或者因为客观原因造成的"食物短缺"[3]之后进行补偿性的"过度进食"，说明你的"生存本能"在正常工作。

---

[1] LEAH M, KALM R D. They starved so that others be better fed: remembering Ancel Keys and the Minnesota experiment[J/OL]. The Journal of Nutrition, 2005, 135(6): 1347–1352 [2020-10-01]. https://doi.org/10.1093/jn/135.6.1347.
[2] HANSEN K. Brain over binge: why I was bulimic, why conventional therapy didn't work, and how I recovered for good[M]. Phoenix, AZ: Camellia Pub, 2011.
[3] POLIVY J, ZEITLIN S B, HERMAN C P, et al. Food restriction and binge eating: a study of former prisoners of war[J/OL]. Journal of Abnormal Psychology, 1994, 103(2): 409–411 [2020-09-28]. https://doi.org/10.1037//0021-843x.103.2.409.

我：这个实验听起来过于真实。虽然我没有减掉那么多体重，不过每次在长时间没有进食之后就会变得特别不正常，什么都不关心，脑子里唯一想着的就是各种各样的食物，完全无法集中注意力，还特别暴躁。

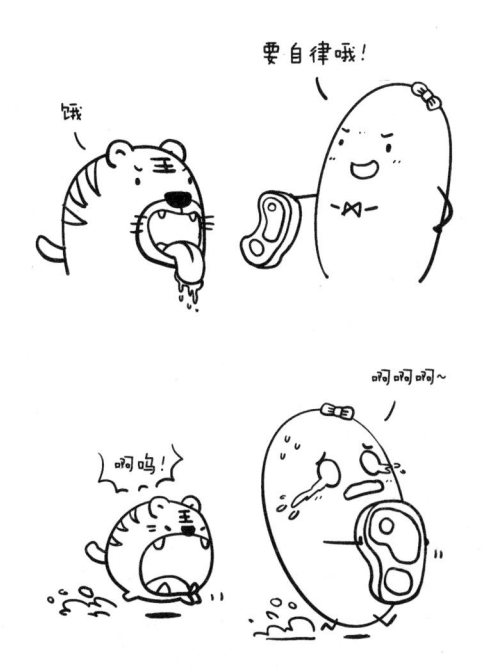

肖恩：你描述的这些所谓"不正常"其实也是正常现象。"过度节食"不仅会对人的生理状态造成一定伤害，对于心理、情绪和认知水平也会产生明显的负面影响[1]。就像"明尼苏达饥饿实验"的参与者在过度节食后产生了抑郁、焦虑、易怒、兴趣与动力减退、激烈的情绪波动、注意力不集中、对于食物或进食的过度迷恋、暴食等情绪和行为；同时，他们变得更加苛刻对待他人，更加冷漠孤僻，忽略个人卫生，导致人际关系变得紧张[2]。值得注意的是，并不是只有"低于健康体重"的人才会出现这些症状，研究显示，无论体重如何，当营养摄入受到过度限制，或者出现补偿行为——比如催吐——来限制营养吸收的时候，都有可能出现这些"饥饿症状"（starvation syndrome）[3]。

我：所以说这并不是因为我缺乏自制力？

肖恩：是的，把身体正常的"生存本能"归咎于自制力是不合理的。"自制力"是一个有限的资源，每一次使用都会消

---

[1] BROCKMEYER T, HOLTFORTH M C, BENTS H, et al. Starvation and emotion regulation in anorexia nervosa[J/OL]. Comprehensive Psychiatry, 2012, 53(5): 496-501 [2020-10-01]. https://doi.org/10.1016/j.comppsych.2011.09.003.
POLIVY J. Psychological consequences of food restriction[J/OL]. Journal of the Academy of Nutrition and Dietetics, 1996, 96(6): 589-592 [2020-09-28]. https://doi.org/10.1016/S0002-8223(96)00161-7.
[2] KEYS A, BROZEK J, HENSCHEL A, et al. The biology of human starvation[M]. Minneapolis: University of Minnesota Press, 1950.
TUCKER T. The great starvation experiment: Ancel Keys and the men who starved for science[M]. Minneapolis, MN: University of Minnesota Press, 2007.
[3] Centre for Clinical Interventions. Department of Health, Government of Western Australia. What is Starvation Syndrome[EB/OL].（2018-01-25）[2020-12-22].https://www.cci.health.wa.gov.au/-/media/CCI/Mental-Health-Professionals/Eating-Disorders/Eating-Disorders---Information-Sheets/Eating-Disorders-Information-Sheet---34---What-is-Starvation-Syndrome.pdf.

耗掉一部分①，需要休息来恢复到理想的水平，所以我们很难通过这种有限的资源来时时刻刻对抗强大的"生存本能"。

我： 原来是这样，我之前从来没有想过这个问题，只是觉得这一切都是因为自己"不够自律"。

肖恩： 所以我给你的建议是，放下想要用极端方式减肥的念头，停止以减肥为目的的节食计划。这可能有些出人意料，不过就像我们刚才说的，**停止过度节食是恢复正常饮食的关键，也是减少暴食的第一步**。尝试摆脱那种"节食心态"，不把食物非黑即白地分为"好"和"坏"，尝试重新和身体建立联系，和食物建立一个更加健康的关系——我们要让你的大脑意识到，你并不处在一个"救命呀"的状态中，不需要通过大量进食来应对危机。当你的大脑和身体有了足够的营养（physical re-nourishment）来运转，我们也就更有精力来解决与进食障碍或者失调性进食有关的一些更深层次的问题②。

我： 停止减肥计划？

肖恩： 具体来说，我希望你可以保证一日三餐③，尽量不

---

① BAUMEISTER R F, TIERNEY J. Willpower: rediscovering the greatest human strength[M]. New York: Penguin Books, 2012.
② Centre for Clinical Interventions. (2018a). Eating Disorders & Neurobiology[EB/OL]. (2018-01-25). [2020-11-07]. https://www.cci.health.wa.gov.au/Resources/~/media/7644CF6DB09443138A975DEE6EF725DD.ashx.
③ ZENDUGUI E A, WEST J A, ZANDBERG L J. Binge eating frequency and regular eating adherence: the role of eating pattern in cognitive behavioral guided self-help[J/OL]. Eating Behaviors, 2014, 15(2), 241-243 [2020-10-02]. https://doi.org/10.1016/j.eatbeh.2014.03.002.

要让自己长时间处于饥饿状态[1],放弃那些所谓的"节食规则",不要每天称体重或者计算卡路里。进食的时候,找一个让自己感到舒服的环境,远离电视、手机以及一切会让你分神的东西[2];这非常重要,要将注意力集中在进食这件事上,感受每种食物的味道,给你带来的感受,用身体给出的信号来判断你是需要继续进食,还是已经感到满足。

我:这是不是就是"正念饮食"(intuitive eating)?我好像在哪里听说过。不过我有些担心,如果我放弃计算卡路里,会不会就此开始彻底堕落下去?我的意思是,你看我现在这么努力都控制不好,如果不控制的话,岂不是会更糟?

肖恩:我明白你的意思,很多人在开始"正念饮食"之前都会有这样的担心。不过你想想看,当我们给大脑和身体补充足够的营养,并且遵循身体给出的信号时,我们并不会一口气吃完三袋巧克力,也不会把自己撑到无法忍受的。换句话说,**让我们"失去控制"的恰恰是"过度控制"**。所以,就像刚才说的那样,不要刻意地以减肥为目的跳过任何一餐,不要过于

---

[1] STICE E, DAVIDS K, MILLER N P, et al. Fasting increases risk for onset of binge eating and bulimic pathology: a 5-year prospective study[J/OL]. Journal of Abnormal Psychology, 2008, 117(4): 941-946 [2020-10-01]. https://doi.org/10.1037/a0013644.
[2] BELLISLE F, DALIX A M, SLAMA G. Non food-related environmental stimuli induce increased meal intake in healthy women: comparison of television viewing versus listening to a recorded story in laboratory settings [J/OL]. Appetite, 2004, 43 (2): 175-180 [2020-10-01]. https://doi.org/10.1016/j.appet.2004.04.004.
BRUNSTROM J M, MITCHELL G L. Effects of distraction on the development of satiety[J/OL]. The British Journal of Nutrition, 2006, 96(4), 761-769 [2020-10-01]. https://doi.org/10.1079/BJN20061880.

限制某一类食物的摄入——过度的刻意限制某一种食物可能会让人产生更加强烈的欲望[1]，也更容易引起"去他的效应"。如果你今天吃了一块饼干，不用觉得"这一天又毁了"或者做出任何不健康的补偿性行为，而是认真地感受每一口饼干带给你的满足，体会一下身体的反馈，你很有可能会发现，其实你并不需要，甚至是不想要吃掉一整袋饼干。这种"正念饮食"可以帮助我们改善和食物的关系、获得更好的健康状态[2]。除此之外，我建议你尽量摄入足够的蛋白质[3]，保证营养均衡，保持充足的睡眠[4]，适量运动[5]，这些都是很有益的。

我：我明白你的意思，我会试试看的。我很想问，你觉得我还有可能从暴食中恢复吗？我不想一直这样下去，我现在羡慕所有可以像"正常人"一样吃饭的人。

肖恩：恢复是绝对有可能的，我见过很多这样的人。你已经意识到问题，并且有很强的意愿去改变，这是非常棒的。我

---

[1] POLIVY J, COLEMAN J, HERMAN C P. The effect of deprivation on food cravings and eating behavior in restrained and unrestrained eaters[J/OL]. The International Journal of Eating Disorders, 2005, 38(4): 301-309 [2020-10-06]. https://doi.org/10.1002/eat.20195.这里只讨论以减肥为直接目的的节食行为，不包含因为医学原因而进行的饮食限制。
[2] VAN DYKE N, DRINKWATER E J. Relationships between intuitive eating and health indicators: literature review[J/OL]. Public Health Nutrition, 2014, 17(8): 1757-1766 [2020-10-06]. https://doi.org/10.1017/S1368980013002139.
[3] LATNER J D, WILSON G T. Binge eating and satiety in bulimia nervosa and binge eating disorder: effects of macronutrient intake[J/OL]. The International Journal of Eating Disorders, 2004, 36(4): 402-415 [2020-10-02]. https://doi.org/10.1002/eat.20060.
[4] TRACE S E, THORNTON L M, RUNFOLA C D, et al. Sleep problems are associated with binge eating in women[J/OL]. The International Journal of Eating Disorders, 2012, 45(5): 695-703 [2020-10-03]. https://doi.org/10.1002/eat.22003.
[5] PENDLETON V R, GOODRICK G K, POSTON W S C, et al. Exercise augments the effects of cognitive-behavioral therapy in the treatment of binge eating[J/OL]. International Journal of Eating Disorders, 2002, 31: 172-184 [2020-10-02]. https://doi.org/10.1002/eat.10010.

知道你对自己的要求非常高，不过别着急，不要把"非黑即白"的心态带到恢复的过程中，不用给自己制定过于严苛的目标，比如"从现在开始必须严格遵守'正念饮食'，绝对不能暴食"，这样反而会给自己带来不必要的压力和负面情绪，适得其反。"正念饮食"应该成为一种生活方式，而不是一个新的"节食计划"。

我：我明白你的意思。

肖恩：如果，我是说如果，你因为各种原因暴食，那么可以试着客观地观察、描述当下正在发生的一切：你在做什么？你的身体有什么样的反应？你现在是什么感受？比如，你可以跟自己说："我现在正在把一个薯片放到嘴里，这是一个烧烤味的薯片，非常的咸，让我有些口渴。我刚才特别的饿，这个薯片让我感到很满足，不过现在已经觉得有些油腻。"这当然不是为了责备自己，这种对于事实客观的描述可以让我们有意识地察觉整个过程，也是对抗暴食中"失控感"的第一步[1]。同时，尽量避免"完美主义"心态，告诉自己从暴食中的任何时刻停下来都是好样的，都是进步；之后也不需要进行任何不健康的补偿性行为，直接回到正常的作息规律就可以。记住，**食物只是食物，食物只有"营养价值"，没有"道德价值"。**

---

[1] KERR A C. The binge code: 7 unconventional keys to end binge eating & lose excess weight[M]. Mindfree, 2017.

我们所指的健康饮食不应该仅仅包括特定食物的营养成分，还应该包含我们和食物的关系，以及食物带给我们的感受。

11月4日 星期五

今天就像肖恩说的那样，没有称体重也没有计算卡路里，而是试图通过身体给出的信号判断是不是需要进食。收到了他刚刚发来的"正念饮食的10大原则"[①]，具体是这样的：

1. 拒绝"节食心态"（Diet mentality）：
   抛弃那些给你虚假承诺的"节食手册"和时尚杂志。不要相信类似"总有一款节食计划适合你——让你轻松、快速地减肥，且永不反弹"的虚假信息。对"节食文化"（diet culture）感到

---

① The original intuitive eating pros: 10 principles of intuitive eating[EB/OL]. [2020-12-27]. https://www.intuitiveeating.org/10-principles-of-intuitive-eating/. 翻译时有部分删改。

愤怒，正是它让我们误以为这一切都是我们的错。请不要对一个"奇迹般的节食计划"再抱有幻想，这会让你无法真正摆脱食物的控制。

2. 尊重你的饥饿（Honor your hunger）：

给你的身体提供足够的能量。否则很有可能会触发我们的"生存本能"，让我们过度进食（trigger a primal drive to overeat）。一旦你到达了那个"极度饥饿"（excessive hunger）的状态，所有对于"正念饮食"的意图都会变得难以实现。学会尊重身体发出的信号会帮助我们重建对于自己和食物的信任。

3. 与食物和解（Make peace with food）：

停止与食物的战争。无条件地允许自己进食（Give yourself unconditional permission to eat）。如果你一直告诉自己不能或者不应该吃某一种食物，这很可能会导致强烈的、无法控制的渴望，以及——在很多情况下——暴饮暴食。当你最终向那种食物"投降"的时候，很有可能会引起一种"最后的晚餐"式的过度进食。

4. 挑战"食物警察"（Challenge the Food Police）：

你的脑子里是不是有个声音一直在跟你说，当你什么都不吃的时候你就是"好"的，而当你吃了一块巧克力蛋糕的时候你就是"坏"的？请你大声地对这个声音说"不"！"食物警察"维护着"节食文化"创造的各种不合理的要求，对你说出各种负面的指责。远离"食物警察"是通往"正念饮食"的重要一步。

5. 找到让你感到满足的因素（Discover the Satisfaction

Factor）：

在强迫我们自己遵守"节食文化"的过程中，我们经常忽略了生活最基本的礼物之一——在进食体验中找到快乐和满足感。当你在真正令人愉悦的环境中进食真正想吃的东西时，获得的快乐将让你感到满足。通过为自己提供这种体验，你会发现不需要过度进食就可以获得满足。

6. 感受你的"饱腹感"（Feel Your Fullness）：

为了感受"饱腹感"，我们需要相信自己可以给自己提供真正想要的食物。聆听身体发出的"你不再饥饿"的信号；观察提示你已经饱腹的迹象；进食时暂停一下，问问自己食物的味道以及当前的饥饿程度。

7. 用善意来应对你的情绪（Cope with Your Emotions with Kindness）：

首先，我们要认识到饮食上的限制（food restriction），无论是身体上的还是心理上的，都有可能导致失控。我们需要找到一个分散注意力和解决问题的好方法。焦虑、孤独、无聊和愤怒是我们所有人一生都会经历的情绪。每种情绪都有它的"诱发因素"，也都有其缓解的办法。短期内，食物可能会让你感到安慰，可以转移注意力，甚至让你感到麻木，但是食物不能解决问题。更为关键的是，从长期来看，为了"情绪饥饿"（emotional hunger）而过度进食可能会让你感觉更加糟糕，我们最终需要直接应对的是情绪的问题。

8. 尊重你的身体（Respect Your Body）：

接收你的基因蓝图，就像一个鞋子尺码为 39 号的人不会期待挤到 36 号的鞋子里一样，对身材和体型抱有同样的幻想往往也是徒劳的（而且同样非常不舒服）。尊重自己的身体，接受真实的自己；对自己的身材抱有不切实际的期待或者过于挑剔会让我们很难彻底摆脱"节食文化"的控制。所有的体型都应该得到尊重（All bodies deserve dignity）。

9. 动起来——感受运动带来的不同体验（Movement-Feel the Difference）：

不要管那些魔鬼训练，你只需要简单地动起来——感受这给你身体带来的不同体验。将注意力集中在身体的感受上，而不是消耗了多少卡路里。如果我们专注于锻炼带来的感受（比如，让我们充满活力），我们则会更有动力坚持。

10. 关注你的健康——坚持"温和"的营养学（Honor Your Health-Gentle Nutrition）：

选择让你感觉良好的食物。请记住，我们并不需要一个"完美的进食计划"来保持健康（You don't have to eat perfectly to be healthy）。一顿零食、一顿饭，或者一天的饮食不会突然导致营养不良或者不健康。重要的是我们长期的进食习惯，进步——不是完美——才是关键（Progress, not perfection, is what counts）。

（18：00）一个小时前的原计划是，明天正式开始"正念饮食"，所以今天自己在房间里最后吃一遍所有想吃的东西，从明天开始重新做人，坚决遵守所有的进食规则，早日减到 90 斤，摆脱一切烦恼，追到男神，走上人生巅峰。理智告诉我，这个计划违反了"正念饮食"的全部十大原则，于是作罢。约上小露一起去食堂吃饭，删掉了手机里的 3 个计算卡路里的软件，给自己定了以下几个新的原则：

- 想吃什么就吃什么，吃饱了就停下来
- 尽量保证营养平衡，而不是限制卡路里
- 不将食物分为"好"与"坏"，不把食物与"道德"联系在一起，只感受食物的味道
- 不与周围人比较各自都吃了些什么
- 吃东西时，不看手机，不刷朋友圈，不追剧
- 决定吃任何一种食物都应该基于"想吃"，而不是"明天要重新做人就不能吃了"
- 无论吃了什么，回来以后不乱想"反正今天已经毁了"，不苛责自己，不在房间里暴食

11月6日 星期日

刚刚又花了三个小时给统计课的同学 W 讲题，已经记不清这是第几次了。本来我下定决心准备拒绝的，想要告诉她，她应该去找教授或者助教帮忙，因为我也有自己的事情，没办法花那么

多时间来帮她重复一遍课上讲过的内容。写好了拒绝的话刚要点发送，W发来消息：

> W 我知道最近总是麻烦你，真的很不好意思。我这段时间状态不太好，你是我在这里遇到的最好的人，你要是也不帮我的话，我真的不知道该怎么办才好。

我也只好删掉了所有拒绝的话——

> 没问题，那我们几点在哪里见面？ 我

讲完题以后和珊珊一起吃饭，珊珊说起从W的室友那里听到的关于W的一些事情。原来两周前W跟我说因为紧急情况要回家一趟，要我帮忙拍笔记，其实是她要去找男朋友玩。"你知道吗，"珊珊说，"W的妈妈特别不信任她，要求她一直开着手机定位，随时追踪她的位置。她为了去找男朋友不被发现，借用了室友的备用手机带着，把自己的手机放在宿舍里假装自己一直在学校，然后跟所有人说家里有事要回家一趟。她还跟室友借了不少钱，因为她妈妈也在监控她的银行卡消费。"

"她跟我说因为紧急情况要回家一趟，还让我帮她拍笔记。"我感到非常惊讶。

"所以说她这个人心思非常复杂，你稍微小心一点。"珊珊说。

11月9日　星期三

（18：30 图书馆）晚饭过后在图书馆里写作业，突然非常想吃一块巧克力饼干。

（18：30 图书馆）不行，不可以在晚饭后吃东西。难道你忘了之前的教训吗？只要晚饭后再吃东西，一定会暴食，尤其是饼干这么罪恶的东西。你根本就控制不住自己。

（18：50 图书馆）哦，以后尽量不要用"罪恶"来描述食物，食物只是食物。

（18：55 图书馆）无论如何，今天坚决不能吃，不然绝对会暴食。在这个问题上，你完全不值得信任。

（19：00 图书馆）啊啊啊啊，满脑子都是巧克力饼干的味道，幻想自己徜徉在饼干的海洋里。

（19：15 图书馆）不可以！

（19：30 图书馆）你想想看，已经多久没有吃过"一块饼干"啦？根据过往的经验，只有两种可能：要么完全不吃，要么一口气吃掉三盒，外加一袋薯片和一桶冰淇淋。

（19：45 图书馆）我完全无法相信你，可以吃但是只吃一块饼干。零信任。

（20：00 图书馆）好吧，我知道"正念饮食"的目的是帮助我摆脱食物的控制，和自己的身体建立一个更好的关系，而不是快速减肥。试图快速减肥只会让问题越演越烈。道理我懂的，不过说真的，这玩意儿可不可以在解放我的同时顺便帮我减到90斤？

（20：10 图书馆）不行，不可以这么想。"正念饮食"是一种生活方式，而不是一个节食计划。

（20：25 图书馆）啊啊啊啊啊，好想吃饼干！

（20：30 图书馆）梦曦，吃了这一块饼干你绝对会暴食的，多少次前车之鉴。

（20：35 图书馆）说真的，你确定彻底放弃减肥计划了吗？不准备为自己奋斗一下？要不然把计划稍微改一下，每天两顿饭"正念饮食"，然后晚饭不吃，这样就可以一边"正念饮食"，一边减肥。

（20：36 图书馆）这可真是个完美的主意。

（20：40 图书馆）不过这就不叫"正念饮食"了，而是新的一轮节食计划。也不能一直这么节食暴食节食暴食下去，一定要解决这个问题。

（20：50 图书馆）我决定允许你吃一块饼干，不过要遵循"正念饮食"的原则，吃的时候好好感受饼干的味道，不要觉得"去他的，这一天又毁了"，不要自暴自弃，不要总是"明天重新开始"。

（20：51 图书馆）重复一遍：可以去吃饼干，感受饼干带来的快乐，感到满足后就停下来。不需要有任何负面情绪，更不要因为负面情绪而去暴食或者节食。食物只是食物，没有"道德价值"。

（21：00）吃了一块牛奶巧克力饼干，那味道简直是味蕾的享受。然而就在吃完最后一口的时候，我开始条件反射地感到羞耻和懊悔，几乎想要去洗手间把这块饼干吐出来。那个恶魔一般的声音开始大喊：

你这个废物。我让你什么都不要吃，你居然敢吃一整块饼干?!你就这么眼睁睁地看着自己长胖20斤吗？去他的该死的"正念饮食"吧，今天最后一次，从明天开始什么都不许吃，或者运动3个小时！

我坐立不安，大脑一片空白，只知道自己拿起书包去了超市，羞耻和懊悔淹没了我的理智。我在心里跟自己说，没关系，今天最后一次暴食，从明天开始重新做人什么都不吃，以最快的速度减到90斤，然后摆脱所有的烦恼。

在我走近收银台的时候，最后一丝理智让我停了下来。我真的打算这么做吗？那天肖恩是怎么跟我说的？食物只是食物，一块饼干并不能毁掉我的一天。我站在原地，回想每一次暴食带给我的真实感受：过量的廉价蔗糖在喉咙里的刺痛感，薯片的油腻，吃下整整一桶冰淇淋后的呕吐感，撑得躺在床上翻身都不敢翻的绝望，第二天起床后的水肿，短暂的安慰过后产生的负面情绪……冷静一下，我对自己说，像肖恩告诉你的那样，不加批判地想一想，这些真的是你现在想要的吗？如果是的话，你可以把这些食物都买回去；如果不是的话，把这些放回去，或者只买一部分，然后好好享受美食。你明天也不需要节食，如果你真的想要这些食物，可以随时来买。

  站在原地反反复复地思考，尝试着有意识地体会自己的感受。最后，我把食物全都放了回去，只买了一罐苏打水。第一次战胜了暴食的冲动。

与心理咨询师的第二次对话

11月10日 星期四

（15：00 心理咨询中心）今天是第二次心理咨询。

肖恩：这个礼拜怎么样？

我：我尝试了"正念饮食"，感觉挺有帮助的，确实吃饱了就不那么容易暴食（笑）。昨天晚上我离暴食只有一步之遥，起因是晚饭后的一块巧克力饼干，我让自己不带批判地回想暴食给我带来的真实感受，然后我发现自己其实并不真的想要这些食物，只是"去他的"这种"节食心态"以及负面情绪在作祟。我觉得很有意思的是，学着单纯地享受食物，不给食物套上道德价值，反而帮助我减少与进食有关的负面情绪，第一次战胜暴食。

肖恩：非常棒，我为你感到骄傲。就像咱们上次说的，"失去控制"很多时候来源于"过度控制"，当我们不再试图"过度控制"，身体就会给我们答案。

我：是的，没错。不过说实话，我现在还是会有一些不理智的想法。

肖恩：可以具体说说吗？

我：有时候我会想，其实我只要10天不吃任何东西，就可以直接瘦到我的目标体重，然后就再也不会有这些烦恼。我总是会想到过去的某个日子，比如上个礼拜的今天，然后幻想如果从那天开始我就什么都没吃，那么到今天我没准就已经瘦到了理想体重。或者就像昨晚发生的那样，虽然暴食在事后会让我觉得非常羞耻，可是不得不承认，在拎着一大筐高热量食物的时候，我总能感到一种短暂的安慰。于是，我时不时会想，要不然今天最后暴食一次？明天重新做人，开始"正念饮食"。好像脑子里总有一个像恶魔一般的声音，让我去做一些不理智的事情，批判我的方方面面，说一些非常刻薄的话。

肖恩：我明白。现在你已经意识到问题，这非常好。可不可以请你回想一下，对你来说哪些场景容易触发（trigger）暴食，或者一些不理智的想法呢？

我：首先就是咱们上次说的，在过度饥饿之后，脑子里唯一的想法就是食物，很容易开始暴食。然后我觉得其实很多时候都和情绪有关。比如我是业余划船队的，我们每周都有 3~4 次高强度的训练。这个队是为业余新手设置的，相当于一个兴趣爱好，不过除了我以外，基本上所有人都参加过其他竞技性的运动项目，其中女生 S 就是曲棍球队的队长。更重要的是，她们所有人都比我瘦很多，而且是那种很健康的身材。每次和她们站在一起，我都觉得自己特别糟糕，什么也做不好；再加上我其实一点都不喜欢划船，每次训练前后我都会感到非常大的压力，特别讨厌自己，然后就很容易暴食。我会觉得，没有很多很多的食物的话，不知道该怎么熬过去，我需要食物，因为我没法"独自"面对这些。

肖恩：听起来你会将自己和其他人比较，这给你带来了困扰。你刚才提到，其实你并不喜欢划船这项运动？

我：是的，一想到划船我就感到烦躁，完全没有兴趣。我一直希望把自己变成一个身材纤细、开朗活泼、热爱运动，跟所有人都能打成一片的人，就像S那样，可是我就是做不到，我是一个很内向的人，有空的时候喜欢在房间里看书看电影，或者找一两个好朋友聊聊天。我给自己安排了很多高强度的课外活动，结果现在非常焦虑，好像生活中的任何事情都会给我带来很大的压力。我害怕犯错，同时又觉得自己一定会搞砸所有事，所以无时无刻不如履薄冰，非常焦虑。

肖恩：然后你会用食物来缓解这些情绪？

我：对的，而且都是之前减肥不允许吃的东西。我不得不承认，暴食在发生的那一刻确实可以给我带来一丝安慰，甚至光是"去超市买所有平时不能吃的东西"这个想法都能暂时地让我不去想那些烦恼。有时候早上起床，想到这一天的计划就感到非常烦躁，地上剩余的高热量食物是我唯一的安慰，好像它们带我回到了"安全区"。不过，这种安全感很短暂，每当我在短时间内吞下大量的食物，或者一整天都在因为情绪问题而不停地吃东西的时候，我又会对自己产生极大的厌恶，我觉得自己一无是处，然后这种无法忍受的羞耻感又让我更加渴望用食物来麻痹自己，恶性循环。

肖恩：这就是我们常说的"生理饥饿"（physical hunger）和"情绪饥饿"（emotional hunger）的区别。生理饥饿通常是一种逐渐出现的身体感受，代表着"我的身体需要补充能量来维持正常运转"，任何食物都可以满足这种饥饿；而情绪饥饿则是一种更为强烈、更为突然的感受，通常由负面情绪引起，代表着"我需要安慰，需要安全感，需要分散注意力"，一般也会渴望某些特定的食物。

我：没错，就是这样。我不知道自己为什么这么糟糕。你看这里的每一个人都那么完美，什么都可以做好而且看起来毫不费力；她们永远都那么开心，完全没有负面情绪。我觉得自己就是个异类。我其实真的已经挺努力的了，至少我是这么觉得的。这学期我选了5门课，你也知道在这个学校4门课就已经非常紧张，而且其中2门是我以前从来没有接触过的哲学和艺术史，几乎每周都有考试或者论文。我还要参加划船队训练，规定自己每周必须至少去两次讲座，再额外增加三次运动，还有两次志愿者活动。我其实还想去学网球、法语、辩论，不过还没有找到时间。我觉得还是我的时间管理得不好。

肖恩：你的时间表已经过于紧张。你不是一台机器，你是需要休息和娱乐的，任何人都需要休息和娱乐，这是生活的一部分，也可以帮助我们更好地工作，完全不是在浪费时间。

我：我之前以为让自己"再忙一点"就不会暴食，有句话不是说"忙是治愈一切问题的良药"吗？然而结果恰恰相反，这种疯狂的时间表好像加重了我的负面情绪和暴食行为。我希望自己可以像其他人一样什么都做到完美，然后每时每刻都处于高压状态，不停地苛责自己犯的每一个错误，说错的每一句话，像一根绷紧了很久的皮筋一样，不知道什么时候就会崩溃。最近我慢慢地开始觉得所有的事情都没什么意思，什么都不想干，甚至连和朋友出去吃饭都没有兴趣，就只想一个人待在房间里吃东西，好像只有这样才能让我彻底放松。我感觉外面的环境都是充满危险和不确定性的，就只有这一件事是绝对安全的。通常这种时候我会拉上窗帘，戴上耳机，屏蔽掉一切的社交媒体，也不回复任何信息，特别害怕有人会来破坏这种安全感。我之前跟最好的朋友秋言提到这件事，她觉得我就是还不够忙，应该更加"自律"一点，多给自己安排一些活动，可是我真的没法承受更多了。

肖恩：这并不是"自律"的问题。还记得我们上次说"失去控制"往往来自"过度控制"吗？你并不是因为没有事情做而无所事事地待在房间，你给自己制定了难以实现的目标，这种压力让你无所适从，于是一个人在房间里吃东西让你感到安全，是这样的吗？

我：是的，我不知道自己为什么这么堕落。我知道那只是食物，不是爱；可是没有爱、没有理解、没有成就感的时候，我该怎么办呢？"正念饮食"让我上个礼拜整整 7 天没有暴食，这在之前是不敢想象的。不过说实话，我有时候其实会想念暴食。我知道这听起来非常糟糕——暴食是我最大的敌人，不过同时好像也是唯一的朋友，在我需要的时候永远都在那里给我短暂的安慰。没有食物的麻痹，我只能"自己一个人"真正地去面对糟糕的现实，可我不知道该怎么办。我记得之前在哪里看到过一个正在尝试戒酒的人写的文章，大概意思就是酒精让他很多时候都处于昏睡的状态，可是如果没有酒精，他就必须清醒地面对生活中那些烦恼、痛苦、孤独和无助。当时不明白，现在感同身受。我不知道自己为什么如此糟糕，什么都做不好。

肖恩：这不是堕落，更不代表你是一个糟糕的人，不要总是用这样负面的词形容自己。你追求完美，对自己有很高的要求，这种压力本身就会让人更容易过度进食高糖高脂肪的食物[1]，尤其是在节食的情况下[2]。食物，或者说进食，是你对于

---

[1] OLIVER G, WARDLE J, GIBSON E L. Stress and food choice: a laboratory study[J/OL]. Psychosomatic Medicine, 2006, 62(6): 853-865 [2020-10-9]. https://doi.org/10.1097/00006842-200011000-00016.
[2] GLUCK M E. Stress response and binge eating disorder[J/OL]. Appetite, 2006, 46(1): 26-30 [2020-10-09]. https://doi.org/10.1016/j.appet.2005.05.004.

压力和负面情绪的一种习惯性的"应对机制"（coping mechanism），这从某种意义上来说其实是自我保护的行为，在那个时刻是有意义的，只不过这种应对机制在长期来看并不是最好的选择，也给你带来了更多的困扰。所以我不会跟你说"要自律，少吃一点"，因为这不是最有效的方法；我们需要找一些更为健康，更为持久的"应对机制"来代替过度进食。 压力和负面情绪是每个人都会遇到的，很难完全避免，不过"负面情绪－暴食"这个习惯性的反应（habitual response）却是可以改变的，我们可以通过练习来打破这种条件反射。

情绪　习惯性反应　情绪性进食

现在可不可以请你想一想，在面对压力和负面情绪的时候还可以做些什么？什么可以让你真的感到放松，而不是增加你的烦恼？

我：我知道运动可以解压，不过我特别讨厌那种剧烈的、竞争性的运动。我最近运动量很大，有时候甚至会在健身房待好几个小时，不过那只是对于暴食的一种补偿，我没有一分钟不想尖叫着逃跑。我好像只喜欢柔和一点的运动，比如走路、慢跑、瑜伽之类的，只不过这样的运动消耗的热量都比较少。

肖恩：这没有关系呀！你不一定非要做一个运动健将才能获得运动的好处，运动也不仅仅是为了消耗热量。很多研究都表明一周3次、一次30分钟中等强度的运动，比如快走、慢跑、游泳，就足以提升我们的身体和心理健康[1]，包括改善睡眠质量、增加身体耐力、减少焦虑和抑郁情绪[2]，提高认知反应。我一直觉得运动应该是一种生活方式，而不仅仅是一个多少天的挑战。你并不需要花很多时间，或者给自己制订一些难以实现的计划，哪怕只是把坐电梯换成走楼梯之类的小事，日积月累，效果都是很不错的。很重要的一点是，我们要记住运动的最终目的在于放松心情和欣赏自己的力量；运动绝对不是强迫自己的身体去做一些还没有准备好的事情，不是为了和别人比较，更不是对于进食的惩罚（Exercise is a celebration of what your body can do; Not a punishment for what you ate）。

---

[1] SHARMA A, MADAAN V, PETTY F D. Exercise for mental health[J/OL]. Journal of Clinical Psychiatry, 2006, 8(2): 106 [2020-10-11]. https://doi.org/10.4088/pcc.v08n0208a.
KELLY W. Walking on sunshine: scoping review of the evidence for walking and mental health[J/OL]. British Journal of Sports Medicine, 2018, 52(12): 800-806 [2020-10-10]. https://doi.org/10.1136/bjsports-2017-098827.
American Psychological Association: the exercise effect[EB/OL]. (2011-12) [2020-10-12]. https://www.apa.org/monitor/2011/12/exercise.
CALLAGHAN P. Exercise: a neglected intervention in mental health care[J/OL]. Journal of Psychiatric and Mental Health Nursing, 2004, 11(4): 476-483 [2020-10-10]. https://doi.org/10.1111/j.1365-2850.2004.00751.x.

[2] MCCANN I L, HOLMES D S. Influence of aerobic exercise on depression[J/OL]. Journal of Personality and Social Psychology, 1984, 46(5): 1142-1147 [2020-10-10]. https://doi.org/10.1037/0022-3514.46.5.1142.

我：我明白，那我可以在感到压力或者负面情绪的时候去运动一下。我想我还可以洗个热水澡，读读书，或者去撸猫，看看搞笑视频。

肖恩：这些都是很好的主意。

我：我还可以睡一小觉，不过很多时候一闭眼全都是那些乱七八糟的事情，没有一秒钟清静的时候，于是最后只不过是躺在床上继续烦躁而已。我假装那些负面情绪都不存在，然而越是这样，那些情绪反而更强烈。大家都会跟你说"别想啦，开心点吧"，我不知道自己为什么不能像其他人那样永远"正能量"，然后因此心情变得更加糟糕。你说怎么才能避免那些负面情绪呢？

肖恩：每个人的情绪体验都是复杂的，难以避免的，绝对不只有你一个人会经历这些。我理解你的意思，"别想啦"确实很可能不是一个有效的建议。你有没有听说过"白熊理论"？就是说通常我们不会在日常生活中想着"白熊"，然而如果我现在告诉你，在接下来的10分钟内你绝对不可以想"白熊"，那么很有可能你现在脑子里会无法控制地出现"白熊"[①]。同样的，如果我跟你说，你现在绝对不许想冰箱里的那块巧克力蛋糕（笑）。

---

① American Psychological Association: suppressing the ' white bears' [EB/OL]. (2011-10) [2021-02-15]. https://www.apa.org/monitor/2011/10/unwanted-thoughts.

我：（笑）我明白。

肖恩：心理学家甚至发现，当我们在睡觉前试图压抑某个想法或者事件的时候，则更有可能在睡梦中梦到这些东西（dream rebound）[1]。

所以说强制性地"压抑"或者"回避"（avoidance）并不是一个好主意。举个例子，假如我们因为焦虑而回避所有的社交场合，会发生什么？短时间内我们会感到"安全"，不过这种所谓的"安全感"会阻碍我们认识到"原来社交场合并没有我想象的那么可怕，我不必感到如此焦虑"，慢慢地我们还会在心里放大这种恐惧，高估特定场合的"危险性"，低估自己应对的能力，然后更加焦虑[2]。这也就是为什么我们在缓解焦虑（症）的时候不建议选择"回避"，而是推荐去有意识地、有计划性地"暴

---

[1] WEGNER D M, WENZLAFF R M, KOZAK M. Dream rebound: the return of suppressed thoughts in dreams[J/OL]. Psychological Science, 2004, 15(4): 232-236 [2020-10-11]. https://doi.org/10.1111/j.0963-7214.2004.00657.x.

[2] Center for Clinical Interventions: the vicious cycle of anxiety[EB/OL]. [2021-05-18]. https://www.cci.health.wa.gov.au/~/media/CCI/Mental-Health-Professionals---Information-Sheets-Information-Sheet---03---The-Vicious-Cycle-of-Anxiety.pdf.

露"在原本令人感到焦虑的情境中——比如，社交场合①，这会让我们意识到事情并没有我们想象得那么糟糕。换句话说，回避并不是解决焦虑（症）的方法，而是焦虑（症）最主要的症状之一，同时也"加剧"着焦虑（症）。

我：好像确实是这样的，有时候越是逃避越感到焦虑，而且越来越不敢再次回到类似的情境中。

肖恩：是的。和这些外部事件一样，"压抑"或者"回避"情绪这种内在体验也很可能会让我们误以为情绪是极其可怕的，是会带来严重后果的，并且我们没有足够的能力来应对情绪，然后这种不准确的认知会让我们进一步去"回避"情绪，恶性循环。为了不去面对这些想象中"极其可怕"的情绪，我们还可能采取一些"麻木行为"（numbing behaviors），比如暴食、酗酒、药物上瘾、过度消费或者娱乐，来试图回避。情绪本身当然很重要，不过你想想看，我们以为的情绪对我们的伤害，是不是很大一部分其实是来自这些"麻木行为"？

我：你说的有道理。

肖恩：为了学会更好地管理情绪（emotional self-regulation），改变我们对于情绪的认知是很重要的②：正面情绪当然是

---

① American Psychological Association: what is exposure therapy[EB/OL]. [2021-05-18]. https://www.apa.org/ptsd-guideline/patients-and-families/exposure-therapy.
② KARNAZE M M, LEVINE L J. Lay theories about whether emotion helps or hinders: assessment and effects on emotional acceptance and recovery from distress[J/OL]. Frontiers in Psychology, 2020, 11: 183 [2020-10-12]. https://doi.org/10.3389/fpsyg.2020.00183.

很好的，不过负面情绪其实也是有意义的，可以帮助我们更加全面地理解、评估当下发生的情况。你想想看，如果我们只有正面情绪，就很有可能会产生一种脱离实际的乐观主义（unrealistic optimism）[1]，对潜在的风险掉以轻心[2]；这时候一定程度的负面情绪反而可以确保我们会对未来做足够的准备[3]。我知道这听起来可能令人感到惊讶，不过与压抑或者回避相比，**接受所有的情绪（emotional acceptance）**——包括正面和负面的情绪——接受情绪是生活中非常自然的一部分、是无法完全避免的、是有意义的、是所有人都会遇到的，反而可以帮助我们减少负面情绪的影响，也更加有利于身心健康[4]。

我：你的意思是，我应该改变对于情绪的认知，不再认为情绪是可耻的，或者是需要被批判、压抑或者否认的，而是接受所有的情绪——包括负面情绪——认为情绪是有意义的、是

---

[1] Scientific American. Can positive thinking be negative[EB/OL]. (2011-05-01) [2020-10-23]. https://www.scientificamerican.com/article/can-positive-thinking-be-negative/.

[2] HELD B S. The tyranny of the positive attitude in America: observation and speculation[J/OL]. Journal of Clinical Psychology, 2002, 58(9): 965-991[2020-10-11]. https://doi.org/10.1002/jclp.10093.

[3] NOREM J K, CHANG E C. The positive psychology of negative thinking[J/OL]. Journal of Clinical Psychology, 2002, 58(9): 993-1001 [2020-10-11]. https://doi.org/10.1002/jclp.10094.

[4] SHALLCROSS A J, TROY A S, BOLAND M, et al. Let it be: accepting negative emotional experiences predicts decreased negative affect and depressive symptoms[J/OL]. Behavior Research and Therapy, 2010, 48(9): 921-929 [2020-10-14]. https://doi.org/10.1016/j.brat.2010.05.025.
LINDSEY E K, CHIN B, GRECO C, et al. How mindfulness training promotes positive emotions: dismantling acceptance skills training in two randomized controlled trials[J/OL]. Journal of Personality and Social Psychology, 2018, 115(6): 944-973 [2020-10-15]. https://doi.org/10.1037/pspa0000134.
PREDATU R, DAVID D, MAFFEI A. The effects of irrational, rational, and acceptance beliefs about emotions on the emotional response and perceived control of emotions[J/OL]. Personality and Individual Differences. 2019, 109712: 155 [2020-11-09]. https://doi.org/10.1016/j.paid.2019.109712.
CAMPBELL-SILLS L, BARLOW D H, BROWN T A, et al. Effects of suppression and acceptance on emotional responses of individuals with anxiety and mood disorders[J/OL]. Behavior Research and Therapy, 2006, 44(9): 1251-1263 [2020-10-14]. https://doi.org/10.1016/j.brat.2005.10.001.

很自然的？

肖恩：是的，你总结的很对。我们对于情绪的认知以及"对于情绪的情绪"（meta-emotion）是非常重要的[1]，很大程度上决定了我们如何应对情绪，以及情绪对我们的影响[2]。举个例子，如果你认为负面情绪是不可接受的，是令人羞耻的，那么"经历负面情绪"这件事本身就会带来更多的负面情绪——"我怎么可以感到焦虑？我可真是没用"。

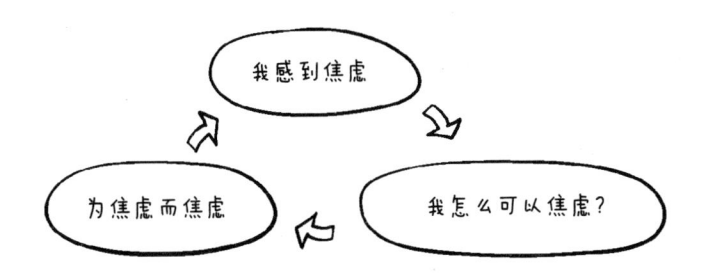

```
        我感到焦虑
         ↗     ↘
  为焦虑而焦虑 ← 我怎么可以焦虑？
```

我：你说的没错，我就经常因为"感到焦虑"而感到焦虑。

肖恩：是的。

这当然不是说我们应该一直沉浸在负面情绪中[3]：我们可以深呼吸，将注意力集中在当前的状态中，不加苛责地察觉当

---

[1] SYDENHAM M, BEARDWOOD J, RIMES K A. Beliefs about emotions, depression, anxiety and fatigue: a mediational analysis[J/OL]. Behavioral and Cognitive Psychotherapy, 2017, 45(1): 73-78 [2020-10-13]. https://doi.org/10.1017/S1352465816000199.
[2] MENNIN D S, HEIMBERG R G, TURK C L, et al. Preliminary evidence for an emotion dysregulation model of generalized anxiety disorder[J/OL]. Behavior Research and Therapy, 2005, 43(10): 1281-1310 [2020-10-13]. https://doi.org/10.1016/j.brat.2004.08.008.
[3] Psychology Today. The irony of emotional acceptance[EB/OL]. (2019-02-28) [2020-12-23]. https://www.psychologytoday.com/us/blog/your-future-self/201902/the-irony-emotional-acceptance.

下所有的情绪、接受所有的情绪①；提醒自己这些情绪就像天上的浮云一样，是在不断变化的②。比如，跟自己说"我现在感到焦虑，不过这没关系，肯定会过去的"。这种"平静地察觉、接受情绪"的方法反而会让强大的情绪失去威力——就像是一个烧着开水的茶壶，我们越是否认、越是想要按紧壶盖，里面的水蒸气就拥有越多的力量；而当我们接受现在的状态，拿开壶盖，反而会消减这种破坏力。除此之外，在情绪面前，我们还可以去和信任的人倾诉，不加批判地写下你的想法和情绪③，或者去做一些真正让你放松的事情，就像我们刚才说的那样。

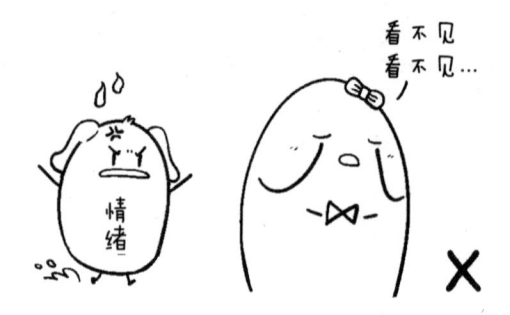

---

① KIVITY Y, TAMIR M, HUPPERT J D. Self-acceptance of negative emotions: the positive relationship with effective cognitive reappraisal[J/OL]. International Journal of Cognitive Therapy, 2016, 9(4): 279-294 [2020-10-18]. https://doi.org/10.1521/ijct_2016_09_10.
② Scientific American. Negative emotions are key to well-being[EB/OL]. (2013-05-01) [2020-10-18]. https://www.scientificamerican.com/article/negative-emotions-key-well-being/.
③ PENNEBAKER J. Writing about emotional experiences as a therapeutic process[J/OL]. Psychological Science, 1997, 8(3): 162-166 [2020-11-14]. http://www.jstor.org/stable/40063169.
Harvard Health Publishing. Writing about emotions may help ease stress and trauma [EB/OL]. (2011-10)[2020-10-19]. https://www.health.harvard.edu/healthbeat/writing-about-emotions-may-ease-stress-and-trauma.

二十岁这一年发生了什么?

我：明白啦，我回去试试看。不过话说回来，其实我还是很担心会控制不住自己去暴食。每次一有暴食的冲动，脑子里就像有两个声音在争吵。一个声音非常理智，另一个声音像个"小恶魔"一样极其疯狂，总是在说："我需要所有的食物，就现在！"或者"你看你那么胖，最好一个礼拜什么都不要吃"。我基本上每次都会向那个不自律、冲动、疯狂的自己投降。虽然"正念饮食"帮助我减少了很多类似的情况，不过我还是无法完全在食物面前信任自己，甚至有时候我既没有处于饥饿状态也没有压力或者负面情绪，却还是会出现暴食的冲动（urges to binge）。我觉得很害怕，怕自己会再一次失控。

肖恩：我理解。你有没有想过，那个"小恶魔"，或者让你暴食的冲动到底是什么呢？

我：可能是不自律、冲动、疯狂的我？

肖恩：或者换一种看法。那个不理智、批判性的声音，我们可以称作"进食障碍的声音"（eating disorder voice）[1]，或者就叫作"小恶魔"吧。现在我们要做的，就是把你自己和"小恶魔"区别开来[2]，在你们之间创造出一段安全距离。换句话说，我们现在需要意识到，"小恶魔"并不是我们自身的一部分，我

---

[1] FORSEN MANTILLA E, CLINTON D, BIRGEGARD A. Insidious: the relationship patients have with their eating disorders and its impact on symptoms, duration of illness, and self-image[J/OL]. Psychology and Psychotherapy, 2018, 91(3): 302-316 [2020-10-18]. https://doi.org/10.1111/papt.12161.

[2] Walden Eating Disorders: whose voices are you listening to[EB/OL]. [2020-10-18].https://www.waldeneatingdisorders.com/blog/whose-voice-are-you-listening-to/.

们完全可以不遵循"它"的想法——"它"怎么想并不重要——我们要遵循自己真正的想法。

我：你的意思是，并不是"我"让自己去暴食的，而是那个"小恶魔"？"它"并不是"我"？过去我以为自己对这一切无能为力，因为我就是一个没有自控力的人，事实并不是这样的？

肖恩：没错，你总结的很对。你并不是在跟一部分的自己作斗争，你只是在和"小恶魔"作斗争——对于很多人来说，这种思维上的转变会让暴食的冲动变得没有那么难以抵抗。我知道"小恶魔"看起来非常强大，有时候让你感到无法控制，不过你一定要相信，真正的"你"比"它"要强大得多。"它"可能会疯狂地大叫，不过最终决定是不是要将食物都塞进嘴里的是"你"，你可以选择是不是要遵循"它"的声音[1]。你拥有最终的控制权，你要相信这一点：你不是你的

---

[1] HANSEN, K. Brain over binge: why I was bulimic, why conventional therapy didn't work, and how I recovered for good[M]. Phoenix, AZ: Camellia Pub, 2011.

"进食障碍","它"不是你的一部分,你比"它"要强大得多的多。我的建议是:当你察觉到"它"不合理的要求或者对你不客观的评价时,不要听从要求做出任何行动,而是忽略"它"、反驳"它",给"它"一点时间来消失。不要对你自己感到愤怒,应该对"小恶魔"感到愤怒[1]。还是那句话,你拥有最终的控制权[2]。

我:我拥有最终的控制权?

肖恩:是的,就是这样。不过我最后还想强调一点,就像我们上次说的,恢复的过程对很多人来说是螺旋上升的,所以多给自己一点时间,允许自己一点点进步,不要把"完美主义"的心态带到恢复的过程中来,多给自己一些鼓励。

---

[1] AYA U. A systematic review of the "eating disorder voice" experience [J/OL]. International Review of Psychiatry, 2019, 31(4): 347-366 [2020-10-16]. https://doi.org/10.1080/09540261.2019.1593112.
[2] 这里的"进食障碍的声音"更像是一种"内在的挣扎",一种负面的、过分关注身材或体型的"自我对话模式"(self-talk),而非一种"幻觉"。虽然这种"内在的声音"同样也会出现在非进食障碍的人群中,其频率、持续时长、强度都远不及进食障碍人群。

二十岁这一年发生了什么?

与心理咨询师的第三次对话

11月17日 星期四

（15：00 心理咨询中心）今天是第三次心理咨询。

肖恩：这个礼拜过得怎么样？

我：还可以。我这几天基本上每天都会活动活动，我很喜欢瑜伽和慢跑，虽然不是很剧烈的运动，不过都让我很放松。相比之下，我真的不太喜欢划船这项运动，可能下学期不想再继续参与了。

肖恩：我们的时间和精力都是有限的，及时舍弃那些不重要的目标可以让我们有更多的能量来追求更重要的事情。你现在的首要目标是重新找到生活的平衡，维持一个健康的心理状态，如果你觉得放弃划船队训练可以帮助你达成这个目标，我完全支持你的决定。其实我很想问你，既然你并不喜欢划船，当时为什么要参加呢？而且还坚持了这么久。

我：我……我觉得可能是为了得到他的肯定吧。

肖恩：他的肯定？

我：是的。他是我崇拜了很多年的男生，就像一个遥不可及的梦想，是我仰慕的"男神"。

肖恩：我了解了。你为什么说他"遥不可及"呢？

我：我们从小学到高中一直都在同一个学校，他比我高两届。初一的时候第一次见到他，那时候他作为优秀学生代表上台发言，我看到他的第一眼就有种触电的感觉，然后就一直对他念念不忘。现在想想还挺有意思的，居然那么小就会一见钟情（笑）。初中高中他一直是学生会主席，每次都是他在台上发言，我在台下默默地关注他。

肖恩：这听起来是一段很美好的回忆。

我：是的。我们时不时会联系一下，不过他应该只是把我当成一个学妹，没有多想。他计划要出国读大学，为此参加了很多课外活动，我为了能和他接触，也去参加这些活动，即使那些活动并不是我感兴趣的；其实我和他是非常不一样的人，喜欢的东西也不一样。不管怎样，他一直以来给我很多建议和帮助，我非常感激，也越来越崇拜他。上大学后的这两年，我们基本上没什么联系，他假期也都在国外没有回来，所以我一度以为自己已经放下他了，也有过一段恋爱。上个暑假，我听说他毕业回国，我也和前男友分开了，于是借着马上要来美国做交换生的理由把他约了出来。这两年我变化挺大的，不管是外貌还是对一些问题的看法，和他也有了更多的共同话题。那天我们聊得很开心，他跟我说，"你还有一个多月在国内，我们可以找时间再约。"你知道吗，我从来没有听他说过这句话。

肖恩：你肯定觉得非常开心。

我：是的，然后我们真的又约了一次。第二次见面的时候，我们还是聊得很开心，他说现在正在备考，准备申请美国这边的博士项目。然后……

肖恩：嗯？

我：然后我就干了一件非常愚蠢的事情。

肖恩：是什么事情呢？你愿意和我说说吗？

我：我回家以后跟他表白，告诉他我喜欢了他很长时间。其实我也并没有期待什么，毕竟他是一个遥不可及的"男神"，我只是想把自己的真实想法告诉他。让我非常激动的是，他并没有直接拒绝我！他说现在的我很吸引他，可是他最近很忙，不太可能花费太多的时间在考试以外的事情上。如果我期待的是严肃的恋爱关系，他可能没有这个精力；不过如果我可以接受的话，我们可以先开始约会，互相进一步了解一下。我当时真的非常兴奋，就算和他只是约会，只是吃个饭聊聊天，我也感到特别开心。

肖恩：我明白。那么后来呢？

我：那天晚上他给我发了一个"晚安"，这是我们认识以来他第一次主动给我发信息，当时我真的觉得自己是世界上最幸福的人。然而第二天和第三天他都没有回复我的信息，打电话也没有接，我想他肯定是在忙考试的事情，所以也没有再去打扰他。直到第五天的下午，我实在忍不住去问他是不是有什么事情，可还是没有任何动静。我都不知道那几天是怎么熬过来的，反正是度日如年，神经兮兮地抱着手机，然后不停地吃东西，试图转移注意力，我不知道自己做错了什么，为什么他突然如此冷漠。

肖恩： 这听起来确实让人非常难以接受，他至少应该告诉你发生了什么。

我： 然后第六天凌晨的时候，他发来信息跟我道歉，说当时有些冲动地答应了我，不过冷静下来觉得那段时间确实没有足够的精力，不如以后找个更合适的时机再开始一段感情。我不知道该怎么形容当时那种感觉，就像是从最高空直接摔到地上，最后一丝侥幸也一起破灭。

肖恩： 我理解你的意思。那么之后你们还有任何联系吗？

我： 我请求他考完试以后重新考虑一下这件事，于是我就一直抱有幻想。我来这里以后联系过他几次，不过他的回复都很冷淡。前段时间我因为各种事情不顺利而陷入情绪低谷，冲动之下去问他我们还有没有可能。现在想想真是幼稚，不过当时就觉得自己好像在溺水一样，周围一片灰暗，他是我唯一的救命稻草——就好像如果他喜欢我，那么就证明我也没那么糟糕。在他委婉地拒绝我之后，我的情绪更加低落，每天只想在房间里吃东西，什么也不关心，我当时就觉得，果然没有人会喜欢如此糟糕的我。

肖恩：那你在这边给自己安排这么多任务，甚至是并不感兴趣的，是因为他吗？

我：是的。我一直在想，我到底做错了什么？为什么他会突然改变主意？肯定还是因为我什么都不够好，所以我去参加他最喜欢的划船，学习他专业的课程，节食减肥，我想把自己变成他喜欢的样子。可是我发现越是对自己感到厌恶、越是急着想要提升自己，往往就越没有办法静下心来做事情，然后就会更加焦虑，恶性循环。

肖恩：你把他的喜好当作一个标杆，把自我价值感完全寄托在这个标杆上面。你想象出了一个所谓"完美"的标准，只有达到了那个标准他才会喜欢你，也只有他喜欢你才能让你对自己感到满意，然后你牺牲自己的情绪健康试图达到那个标准，是这样的吗？他的看法变成了唯一的指标，你自己的感受都不再重要。在这种框架下，你觉得只要他不喜欢你，那一定是因为你不够好。

我：好像是这样的。现在只要见到一个比我漂亮、比我瘦、比我聪明、比我运动好，或者是任何一个方面比我强的女生，我都会在心里想，男神只会喜欢那样的女生，而不是这么糟糕的我。我现在特别自卑，觉得自己什么也做不好。

肖恩：你在把自己和所有人做比较，而且很可能是在和每个方向里最强的人做比较，然后觉得自己什么都不够好。这样是不客观的，也是对你自己不公平的。

我：我对整件事感到非常羞耻，觉得自己都不配喜欢他这么优秀的人。我们划船队的教练在各方面都特别像男神，他特别有耐心，不过每次都要教我好几遍我才能弄明白该怎么做，我就很想找个地缝钻进去。每次划船队训练都会让我回想到高中时为了男神去参加的辩论队训练，当时他帮了我很多，然而我的表现还是不尽如人意。你能想象我去参加辩论赛吗？我有时候说话都会脸红，辩论需要一切我不具备的能力。

肖恩：发现没有，你总是在强调自己的不足和你觉得别人对你的看法。你有没有想过，你是谁？你是一个什么样的人？你有哪些品质？你真正热爱什么？你最在乎的是什么？这些才是最为本质的"你"，而不仅仅是你参加了什么活动，取得了哪些成绩。

我：我好像一直都需要别人的认可，没有办法给自己肯定。如果他不喜欢我，那一定是因为我不够好。我现在还是会反反复复地回想在他面前自己所有愚蠢的话、愚蠢的动作、愚蠢的表情、愚蠢的一切。有时候躺在床上，脑子里一遍一遍地回放这些场景，然后对自己说，你这个蠢蛋，看看你多丢人，怪不得没有人会喜欢你。

> 我怎么这么愚蠢？我可真是个废物。他刚才那句话什么意思？他为什么那么说？他是不是讨厌我？

> 他肯定是讨厌我。我怎么这么愚蠢？他到底是什么意思？他是不是讨厌我？一定是这样的。我怎么这么愚蠢？……

肖恩： 这种反复地、消极地、没有意义地回想负面事件和情绪的行为在心理学上称为"反刍思维"①。和咱们上次说到的"压抑"一样，"反刍思维"不是一个健康的认知模式，也是导致抑郁症、焦虑症等心理问题重要的危险因素②。我有个建议哈，为了避免陷入"反刍"的陷阱，我们可以试着"后退一步"，在心理上将自己和这些负面事件分离开来（self-distancing）③。具体来说，当我们回想这些经历的时候，可以尝试站在一个旁观者而不是亲历者的角度，进行认知上的重新评

---

① American Psychological Association: probing the depression-rumination cycle [EB/OL]. (2015-11)[2020-12-10]. https://www.apa.org/monitor/nov05/cycle.
② NOLEN-HOEKSEMA S. The role of rumination in depressive disorders and mixed anxiety/depressive symptoms[J/OL]. Journal of Abnormal Psychology, 2000, 109(3): 504-511[2020-10-28]. https://doi.org/10.1037/0021-843X.109.3.504.
③ AYDUK O, KROSS E. Enhancing the pace of recovery: self-distanced analysis of negative experiences reduces blood pressure reactivity[J/OL]. Psychological Science, 2008, 19(3): 229-231[2020-10-28]. https://doi.org/10.1111/j.1467-9280.2008.02073.x.
AYDUK O, KROSS E. Analyzing negative experiences without ruminating: the role of self-distancing in enabling adaptive self-reflection[J/OL]. Social and Personality Psychology Compass, 2010, 4(10): 841-854 [2020-10-26]. https://doi.org/10.1111/j.1751-9004.2010.00301.x.

估。就像我们常说的"旁观者清、当局者迷",这样做可以帮助我们从一个更为客观、理性的角度来重新理解过往的经历[1]。

我:从旁观者的角度?

肖恩:是的。想象你只是整个事件的旁观者,将人称从第一人称转换成第三人称。你可以把故事中的"你"当作一个陌生人,而你现在仅仅是一个旁观者,甚至是"墙上的一只飞虫"(a fly on the wall)[2]。现在可以请你用第三人称来讲述一下你看到了什么吗?

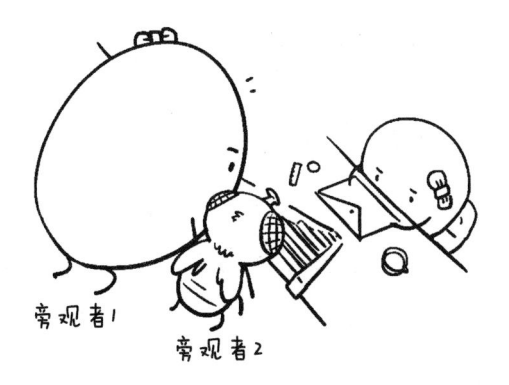

我:我……我看到一个男生和一个女生在吃饭,女生笑得很开心,明显非常喜欢这个男生。

肖恩:很好,就是这样。然后呢?然后发生了什么?

---

[1] GROSSMANN I, KROSS E. Exploring Solomon's paradox: self-distancing eliminates the self-other a-symmetry in wise reasoning about close relationships in younger and older adults[J/OL]. Psychological Science, 2014, 25(8): 1571-1580 [2020-10-26]. https://doi.org/10.1177/0956797614535400.

[2] 这里的"a fly on the wall"为英文俚语。原意为"在墙上的一只飞虫",也指"不引人注意的旁观者"。

二十岁这一年发生了什么?

我：他们聊得很开心，女生很喜欢男生，其实我觉得男生对女生也不是完全没有意思。分开的时候，男生主动给了女生一个拥抱，并且说"如果你有时间的话我们可以再约"；女生觉得自己是世界上最幸运的人，一路上都在傻笑（笑），想要把这么长时间的感情都告诉男生。女生的闺蜜秋言劝她不要冲动，因为"男性是天生的猎人，他们喜欢去征服，而不是被征服"，不过女生还是觉得喜欢就应该大声说出来。她在微信上修改了十几遍想对男生说的话，点击发送的时候，手都是颤抖的。男生提出可以先约会的时候，女生激动得一个晚上都没有睡好。

肖恩：很好，请继续。

我：第二天起床，女生还沉浸在喜悦之中，躺着床上幻想和男生约会的场景，幻想他们一起去看电影、吃烤肉、在大街上漫无目的地散步，想着男生的脸，躲在被子里笑出了声儿（笑）。没想到的是，男生之后一直都没有回复任何信息，也没有接电话，这让女生觉得非常意外，不知道发生了什么。她感到非常烦躁，坐立不安，控制不住地吃东西，试图转移注意力。女生知道这样不好，可是她没有力量去做任何事，也不想和任何人提起这件事，因为她知道，他们肯定会怪她太主动吓跑了男生。女生就这样在房间里一边哭一边往嘴里塞食物，直到第六天的凌晨男生终于回复了一条很长的信息。女生一直觉得整件事情都是自己的错，是因为自己不够好，想要把自己变成男生会喜欢的样子。

肖恩：谢谢你告诉我发生的事情。那么作为旁观者，你怎么看待这件事？真的"后退一步"，站在"墙上的一只飞虫"的角度想想看。

我：（笑）我试试看。在一个旁观者看来，女生很勇敢，也很坦诚——那个……我的意思是……不好意思，我不是在自夸……我的意思是——

肖恩：为什么要感到不好意思呢？别忘了你是站在一个"旁观者"的角度。

我：是的，站在旁观者的角度。我觉得女生很勇敢，也很坦诚，跟自己喜欢的人表达情感也没有什么不对，毕竟，万一实现了呢（笑）。唯一的问题就是当时确实不是一个非常好的时机，女生要去国外留学，男生要参加一场重要的考试，他们的未来都有很大的不确定性，男生肯定也很冷静地考虑到了这一点，也许他处理问题的方式可以更好。现在的结果，女生肯定非常失望，不过仔细想想这其实并不是最坏的结果；如果男生随随便便地开始一段感情，然后再不负责任地消失，想必对女生的伤害会更大。

肖恩：那么现在想象这个女生是你很好的朋友，或者任何一个你在意的人，你会对她说些什么？你会不会说"你这个蠢蛋，你看看你有多丢人，怪不得没有人会喜欢你"？或者，"这一切都是因为你太胖了，所以你最好接下来的一个礼拜都不要吃任何东西"？

我：（笑）当然不会，这些话听起来并没有什么道理。

肖恩：我也觉得你肯定不会的（笑）。那么你会和她说些什么呢？

我：看这个男生后面的表现吧（笑）。如果表现好的话，我应该会说"你并没有做错什么，你很好，你很勇敢，你们只是缘分未到，以后没准儿还有机会"；如果表现不好的话，我肯定会说"这种人还是算了吧，你肯定能找到更好的，这次就当认清一个人"。

肖恩：那么你可以试着也对自己说这样的话吗？如果用第一人称比较困难的话，可以试试第三人称[1]："梦曦，你并没有做错什么，你很好，你很勇敢。"

我：（笑）我试试看。我总觉得在这里说得好好的，一回去又开始躺在床上责骂自己。

肖恩：这是个非常有挑战性的事情，慢慢来，不需要强迫自己一次就做到。总的来说，**这种通过"换个角度看问题"来减少负面情绪的方法叫作"认知重新评估"（cognitive**

---

[1] MOSER J S, DOUGHERTY A, MATTSON W I, et al. Third-person self-talk facilitates emotion regulation without engaging cognitive control: converging evidence from ERP and fMRI[J/OL]. Scientific Reports, 2017, 7(1): 4519 [2020-10-27]. https://doi.org/10.1038/s41598-017-04047-3.

reappraisal is defined as a form of cognitive change that involves a re-interpretation of an emotion-eliciting situation in order to modify its emotional impact)[1], 是非常重要、有效的一种情绪管理方法[2]。举个例子,假如你接下来有一个很重要的考试,与其认为"这是一个对于我全部个人价值的评判,如果我做不好的话,那就说明我是个彻头彻尾的废物",不如告诉自己"这是一个帮助我展现自己现有水平的机会,我可以利用这个机会来看看自己哪些地方比较擅长,哪些地方还需要继续努力"。再比如你在课堂演讲之前感到心跳加速、手心冒汗,与其认为自己很紧张,甚至因为紧张而感到紧张,不如告诉自己这些身体反应说明我们处于一种兴奋的状态,这是身体在为接下来的挑战做好准备[3]。

---

[1] MEGIAS-ROBLES A, GUTIERREZ-COBO M J, CABELLO R, et al. Emotionally intelligent people reappraise rather than suppress their emotions[J/OL]. PloS one, 2019, 14(8). https://doi.org/10.1371/journal.pone.0220688.

[2] GROSS J J, JOHN O P. Individual differences in two emotion regulation processes: implications for affect, relationships, and well-being[J/OL]. Journal of Personality and Social Psychology, 2003, 85(2): 348-362 [2020-10-29]. https://doi.org/10.1037/0022-3514.85.2.348.
TROY A S, SHALLCROSS A J, BRUNNER A, et al. Cognitive reappraisal and acceptance: effects on emotion, physiology, and perceived cognitive costs[J/OL]. Emotion, 2018, 18(1): 58-74 [2020-10-30]. https://doi.org/10.1037/emo0000371. 值得注意的是,"平静地接受所有情绪"(acceptance)和"通过转变对负面事件的认知方式来转变情绪"(cognitive reappraisal)并不冲突,并且两者都是有效的情绪管理方式[与"压制"(suppression)和"反刍"(rumination)相比]。"认知评估"可以更好地帮助我们减少相应的负面情绪,而"不加以评判地接受所有情绪"可能更容易操作,也可以帮助我们改善与负面事件/情绪相关的生理反应。
PIZZIE R G, MCDERMOTT C L, SALEM T G, et al. Neural evidence for cognitive reappraisal as a strategy to alleviate the effects of math anxiety[J/OL]. Social Cognitive and Affective Neuroscience, 2020, 15 (12): 1271-1287 [2020-12-16]. https://doi.org/10.1093/scan/nsaa161.

[3] BROOKS A W. Get excited: reappraising pre-performance anxiety as excitement[J/OL]. Journal of Experimental Psychology, 2017, 143(3): 1144-1158 [2020-11-01]. https://doi.org/10.1037/a0035325.

客观发生的事件很重要，不过应对问题的心态（mindset）——这件事是一个"威胁"还是一个"挑战"——也是极其重要的[1]，很大程度上决定着客观事件对我们的影响[2]。我们刚才一起尝试的"后退一步"、换一个角度看问题的方法可以帮助我们更好地进行"认识上的重新评估"，避免反刍、避

---

[1] CRUM A J, AKINOLA M, MARTIN A, et al. The role of stress mindset in shaping cognitive, emotional, and physiological responses to challenging and threatening stress[J/OL]. Anxiety, Stress, and Coping, 2017, 30(4): 379-395 [2020-11-02]. https://doi.org/10.1080/10615806.2016.1275585.
[2] CRUM A J, SALOVEY P, ACHOR S. Rethinking stress: the role of mindsets in determining the stress response[J/OL]. Journal of Personality and Social Psychology, 2013, 104(4): 716-733 [2020-11-01]. https://doi.org/10.1037/a0031201.

免放大一些强烈的情绪[①]，增进心理健康[②]。

[①] KROSS E, GARD D, DELDIN P, et al. "Asking why" from a distance: its cognitive and emotional consequences for people with major depressive disorder[J/OL]. Journal of Abnormal Psychology, 2012, 121(3): 559-569 [2020-11-01]. https://doi.org/10.1037/a0028808.
KROSS E, DUCKWORTH A, AYDUK O, et al. The effect of self-distancing on adaptive versus maladaptive self-reflection in children[J/OL]. Emotion, 2011, 11(5): 1032-1039 [2020-11-01]. https://doi.org/10.1037/a0021787.

[②] DENNY B T, OCHSNER K N. Behavioral effects of longitudinal training in cognitive reappraisal[J/OL]. Emotion, 2014,14(2): 425-433 [2020-11-01]. https://doi.org/10.1037/a0035276.
TRAVERS-HILL E, DUNN B D, HOPPITT L, et al. Beneficial effects of training in self-distancing and perspective broadening for people with a history of recurrent depression[J/OL]. Behavior Research and Therapy, 2017, 95: 19-28 [2020-11-03]. https://doi.org/10.1016/j.brat.2017.05.008.
POWERS J P, LABAR K S. Regulating emotion through distancing: a taxonomy, neurocognitive model, and supporting meta-analysis[J/OL]. Neuroscience and Biobehavioral Reviews, 2019, 96: 155-173 [2020-11-05]. https://doi.org/10.1016/j.neubiorev.2018.04.023.

11月20日 星期日

　　我好像就是无法把房间里所有的袜子都配上对（可不能让任何人知道这件事）。

11月21日 星期一

　　去商店买了5双一模一样的白袜子，我就不信了！

11月22日 星期二

　　不过要是慢慢地袜子总数不再是双数了怎么办？

11月23日 星期三

　　没关系！再过一段时间没准儿就又变回双数啦。

与心理咨询师的第四次对话

11月24日 星期四

（15：00 心理咨询中心）今天是第四次心理咨询。

肖恩：最近感觉怎么样？

我：还不错。你教给我的方法都很管用，我觉得最近的状态比之前好了很多。有一件让我感到非常惊喜的事情，我的床头柜上放着两个礼拜前买的巧克力，而我之前已经忘记了这件事，那天整理房间才发现。我知道这听起来有些奇怪（笑），不过我已经好久没有"忘记"食物的存在了。我的意思是，过去的我要么在用全部的注意力试图阻止自己去吃那块巧克力，要么麻木地在很短的时间内消灭掉好几袋巧克力。没有经历过的人可能很难想象，正常吃饭对我来说是个多么大的进步。还有特别神奇的一点，我发现过度节食真的是引起暴食的一个非常重要的因素。之前，我以为暴食就是因为我不自律，然而在我放弃节食、开始"正念饮食"之后，暴食的冲动真的减少了，可能大脑不再以为我正处于"救命呀"的状态中。

肖恩：我很开心听到你说这些，我为你感到非常骄傲。

我：我周末的时候在看罗珊·盖伊（Roxane Gay）的自传

《饥饿》（Hunger）①，非常细腻地讲述了食物、身体、自我、创伤和社会那种复杂而又紧密的关系。我不认为自己的经历可以和盖伊的故事相提并论，不过我仍然感同身受。身体好像是战场，食物也承载了过于沉重的意义。看这本书的时候很多次哭了出来，就是回想起了这么长时间以来与身体的对抗。

肖恩：你是从什么时候开始有这种身材焦虑的？

我：我最近也在想这个问题。我记忆里最早的一次和"身材"有关的挫败感好像是在小学的时候。其实我从小就圆乎乎的，家里人也都不瘦。幼儿园的时候我特别喜欢跳舞，甚至跳得还不错（笑）。小学一年级的时候学校选舞蹈队成员，我非常兴奋，不过最后并没有选上，后来才知道舞蹈队只要特别特别瘦的女孩，有没有舞蹈基础反而不那么重要。那时候还不懂什么"身材焦虑"，只是隐约地明白自己因为太胖而不能跳舞，之后我就真的再也没有跳过舞，一次也没有。爸爸妈妈现在都不知道这件事，他们一直很奇怪我为什么突然有这么大的转变。我觉得这个经历对我还是有很大影响的，现在看到跳舞很棒的女生，还是会下意识地觉得自己像个丑小鸭。

肖恩：我很遗憾听到这样的故事。跳舞是一件很棒的事情，不是特定体型的人才可以跳舞。你觉得是这件事导致了你

---

① GAY R. Hunger: A memoir of (my) body[M]. 1st edition, New York, NY: Harper, an imprint of Harper Collins Publishers, 2017.

对外貌身材的不满意吗？

我：我觉得这件事是个开头。其实之后很长一段时间——初中和高中的时候——我都并没有怎么在意身材的事情。那时候大家都穿着宽大的校服，而且当时给我们灌输的观念就是要好好学习，不要琢磨别的事情（笑）。然而上大学以后，身边的人，尤其是女生们，突然都开始讨论减肥、变美或者恋爱之类的话题，我自然也感到焦虑，甚至比周围的朋友们更加焦虑，我意识到那个放学后偷偷去看舞蹈队训练、幻想自己也是其中一员的我从来没有走远。我就一直对自己说，你已经因为胖而错过那么喜欢的一件事，不能再因为胖而错过更多。来这里做交换生以后这种焦虑更加强烈，你看这里的每个人都是全面发展，成绩优异、擅长运动、身材健康纤细、课外活动丰富、人际关系良好，我总在想为什么别人什么都可以做好，而我却什么都不行。我发现"全面发展"当然是一件好事，不过如果不能调整好心态的话，反而会徒增很多压力。因为你需要在所有方面都非常努力，甚至在不同领域都和最强的人比较，对自己的满意度会变得很低。

肖恩：我理解你的意思。听起来你是个完美主义者，给自己提出了过高的要求，一旦发现自己有什么不符合期待的地方，就容易对自己全盘否定。

我：是的。其实我一直都有这样的倾向，不过我想也或多或少受到了我前男友的影响。

肖恩：你前男友的影响？可以具体和我说说吗？

我：我的前男友是我的高中同班同学，我们是上大学前的那个暑假在一起的。他很优秀，不仅学习好，兴趣广泛，体育也非常好，每天早上 6 点起床跑步，对自己的要求非常严格。他对我很好，不过严格要求自己的人往往也会对身边的人高标准，所以他总是鞭策我更加努力。我觉得这样挺好的，也很感谢他，只是在他的衬托下我慢慢开始觉得自己什么都不行，而且他当时一直在监督我减肥。

肖恩：监督你减肥？

我：是的，监督我减肥。他很喜欢健身，身材非常不错，我站在他旁边很有压力；而且我知道周围有好几个女生都对他有好感，所以即使他对我很好，我还是有深深的不安全感。那段时间是我最努力的时候，在各个方面都是，我觉得自己需要通过时刻不松懈的努力来"赢取"他对我的认可。我好像一直在"表演"，因为我认定他不会喜欢真实的我。我对自己的身材有些焦虑，于是我总会跟他说我在减肥。这听起来可能有些奇怪，因为一方面我确实想要减肥，不过另一方面我又很想听到他说我并不胖，不需要减肥，这会给我很大的安慰。我主动说自己胖要减肥，其实很大程度上是不安全感在作祟，有一种"我已经知道错啦，我在努力改正，你不要批评我，不要嫌弃我好不好"的感觉。不过显然他没有理解（笑），他觉得你想减肥我就监督你呀，于是真的开始时刻监督我减肥，在一起吃的每顿饭都会帮我计算卡路里，给我制订详细的减肥计划。然后我就觉得他果然认为我很胖，感到更加不自信。

肖恩： 你有和他谈过这个问题吗？

我： 我试图沟通过。他说如果我觉得自己不胖，不想或者不需要减肥的话就应该直说，而不是试图从他的嘴里听到这句话。我当时觉得完全没有得到理解，和他吵了好长时间，不过现在想想他说的不是没有道理，我好像总是需要外界的肯定。我没有办法潇洒地说出"我觉得自己不需要减肥，我的身体我做主"，我必须要不断地从别人的反馈中来确认这一点。

肖恩： 这就是我一直跟你说的，真正的力量来自内心的平静，而不应该仅仅来自外界的肯定。如果过度依赖别人的看法，我们就很有可能会对潜在的负面评价感到极度焦虑，过分放大自己的错误，不合理地怀疑自己的能力和行为，甚至回避所有可能带来这些焦虑的社交场合——除非我们可以做到"完美"，可是"完美"真的存在吗？

我： 我觉得你说的有道理。当时我和前男友不在同一所大学，所以不是每天都能见面。我总是会在要见面的前几天开始疯狂节食，几乎什么都不吃，多吃一口饭都会让我觉得自己是个废物。我希望可以让他看到"最好"的我，证明自己的价值。那时候是我体重的最低值，比高中的时候还要瘦，几乎接近我前段时间的目标体重，然而他似乎还不是很满意，总给我找一些"学习的榜样"，告诉我，我其实还可以做得更好。虽然远没有前几个礼拜那么严重，不过我当时也出现了暴食的症状，他总是跟我说"那你就少吃点呀"，可是你知道的，越过分地控制就越容易失控，于是我对自己的评价降到最低，情绪越来越不稳定，直到最后他提出分手。我到现在都还会想，如果我当时再瘦一点，是不是就不会发生这一切？也许我们现在还在一起。我因为胖而错过了当时那么喜欢的舞蹈，又因为胖而错过了一段感情。

肖恩：其实这听起来真的完全不是一段互相尊重、互相理解的关系，或许你并不需要感到惋惜。你有没有发现自己有一个很明显的思维模式，就是过分夸大体重和身材的重要性（overvaluation of weight and shape），将自我价值感过分地基于体重和身材之上，认为生活中的"不完美"都来源于身体的"不完美"？

我：好像确实是这样的。当时跟男神见面之前我好几天都没有吃东西，因为我想给他展现"最好"的自己。然后见面的当天，我们约的晚饭，我故意提前吃了好多好多东西，就是为了可以面对一桌子美食不为所动。听到他跟我说"你吃的好少呀，多吃点吧"的时候，我觉得自己的价值得到了认可。当他突然改变主意拒绝我的时候，我下意识地觉得这全都是因为我不够瘦。我从来没有如此厌恶过自己的身体，甚至到现在我还没有摆脱这种感觉。现在一些人已经意识到"积极地看待身体"（body positivity）的重要性，每次看到那些"爱你自己的身体，无论你是什么体型"的标语都觉得非常感动，然而短暂的感动之后，我发现自己根本就做不到。我还是时常会对自己的身体感到焦虑，甚至是厌恶，然后因为这种身材焦虑而感到羞耻，责怪自己为什么是个如此肤浅的人。

肖恩：我理解你的意思，不过你完全没有必要这么想。"身材焦虑"是一个很普遍的问题，甚至可以说是一个越来越普遍的问题，所以绝对不是只有你一个人在经历这些。还记得咱们之前说过的，不加批判地察觉你的情绪，接受你的情绪吗？我的建议是，接受自己的"身材焦虑"，提醒自己这不是什么糟糕透顶的事情，很多人都有类似的感受，不要因为试图否认、攻击自己的情绪而导致更多负面的情绪和自我认知，比如"我怎么是个这样的人"。在我看来，换一种方式来看待身体比简单地说"你不要再感到身材焦虑"要有效得多：现在的大环境或许过度放大了身体的"视觉价值"，似乎每个人的身体——当然尤其是女性——就像是一个用来观看、评论的物品，或者就像你说的，像是证明自我价值的工具。可是身体的"功能价值"呢？身体支撑着我们每一天的生活，让我们有能力去做那么多有趣的事情，去实现自己的梦想，我们是不是该对身体报以感激呢？我们和身体是合作关系而不是敌对关系，健康的食物、规律的运动、良好的作息习惯可以让身体更加强壮，更有能力支撑我们的生活、帮助我们去实现自我价值；我们不需要通过强迫让身体变成某个特定的样子来证明自我价值。

我：这是不是我们上次提到的"认知重新评估"？我之前从来没有想过可以换一个角度看待身体。经常能听到有人说"体重都无法控制，如何控制人生"，或许我已经完全内化了这样的信息。我习惯性地试图通过控制身体来控制生活，以为只要消除身体上的不完美，生活中的不完美也会随之消失，一切都会像我希望的那样发展。

肖恩：我们都需要接受的一个事实是，生活就是不完美的，就是充满不确定性的，没有人可以百分之百地控制自己的生活。对于自己的生活有百分之百的控制，无论我们多么的努力。你刚才提到和前男友在一起的时候体重已经降到最低值，甚至接近前段时间的目标值，那个时候你对自己感到满意吗？

我：没有，而且那恰恰是我自我评价极低的时候。

肖恩：那么和前男友分手以后，你是怎么想的？

我：我觉得这一切都是因为我还不够瘦。

肖恩：现在请你想想看，即使你现在又一次回到那个目标体重，不过男神还是没有答应你，或者你们相处的过程中遇到任何问题，你会如何反应？

我：大概会是，"如果我再瘦一点，就不会有这些问题"。

肖恩：你会因为瘦到这个目标值而对自己感到满意吗？

我：肯定不会，我会继续抬高这个标准，要求自己再瘦一点，认为只要这样一切都会变好。这么说来的话，或许身材焦虑的背后是我对一切"不完美"的焦虑。

肖恩：是的，这同时也是"完美主义"的陷阱。这是一种自我伤害又令人上瘾的思考方式，认为"只要我看起来完美、过得完美、做什么事情都完美，那么我就可以避免被羞耻、评论、和责备的痛苦"（Perfectionism is the self-destructive and additive belief that if we live perfect, look perfect, and act perfect, we can avoid the pain of shame, judgement, and blame）。这种想法是"自我伤害"的，因为"完美"是不存在的，这是一个不可能达成的目标，无论我们付出多少时间和精力。这种想法同时也是"令人上瘾"的，因为当无法避免地碰到了羞耻、评论和责备，我们总会下意识地觉得这都是因为"我不够完美"，于是我们不去质疑"完美"这个概念本身是否存在，反而更加执着地希望将自己"变得完美"。有时感到被羞耻、评论和责备其实是生活中很难避免的现实，"完美主义"事实上放大了我们的痛苦：这都是我的错，都是因为我"不够完美"①。

我：我明白你的意思，不过我想问，这种永远对自己不满意的"完美主义"不是正好可以激励我们更好地"自我提升"吗？

肖恩："完美主义"并不等同于健康的"自我提升"，反而还很有可能带来一系列的问题，包括抑郁、焦虑、进食障碍、低自我评价、强迫症，以及自我伤害的行为②。健康的"自我提升"关注自我——我怎样可以做得更好？"完美主义"则是关注他人——他们会怎么看我？

---

① BROWN B. The gifts of imperfection: let go of who you think you're supposed to be and embrace who you are[M]. Center City, Minn.: Hazelden., 2010.
② LIMBURG K, WATSON H J, HAGGER M S, EGAN S J. The relationship between perfectionism and psychopathology: a meta-analysis [J/OL]. Journal of Clinical Psychology, 2016, 73: 1301-1326 [2020-11-02]. https://doi.org/10.1002/jclp.22435.

我:"他们会怎么看我"——对的,就是这种状态。之前我把自己的时间表排得满满当当,几乎不允许自己有休息和娱乐的时间,不然就感到极其焦虑,觉得自己在浪费时间。可是我从来没有为自己的进步而感到兴奋,而是觉得:"为什么我不可以做得再好一点?为什么所有人都比我好?为什么男神还是不喜欢我?"越努力反而越焦虑。我不断地拿自己和别人比较,总是需要得到外界的认可。

肖恩:我理解你的意思,这也是为什么我们常说"自我提升"需要给自己设定SMART的目标:具体(Specific)、可以衡量的(Measurable)、有可能实现的(Attainable)、和个人相关的(Relevant),以及可以在一定时间范围内实现的(Time-bound)。那么请你想想,"我一定要把所有事情都做到完美,让所有人都喜欢我"是不是一个"聪明"的目标?

我:(笑)当然不是。

肖恩:我也这样认为(笑)。我给你的建议是,小心一些带有"(不)应该"或者"必须"的自我对话,比如"我应该时时刻刻都很努力,完全不休息或者娱乐",或者"我必须什么事情都做到最好"。这些自我对话可能已经变成了我们一种不假思索的"自动化思维"(automatic thoughts),那么现在我们就停下来想想这些话是不是真的正确。比如,当你发现自己在想"我必须时时刻刻都在忙碌",那不如就找个天气好的周末上午,悠闲地做一些真正让自己感到放松的事情,看看是不是真的有想象中那么糟糕的后果。

我：好的，我回去试试看。这么一想，"完美主义"很奇怪，在让你不断地给自己提高标准的同时，还会让你更不容易下定决心开始行动，因为害怕失败，害怕犯错，害怕任何"不完美"，害怕别人的评论——有时候甚至是自己想象出来的别人的评论——所以会拖延开始做这件事，直到认为自己做好了百分之百的准备。我好像总是在追求"完美的时间、完美的地点、在完美的情况下做完美的事，得到完美的结果"，不然就感到极度焦虑，最后什么也没有做。比如写论文的时候，我会拖到最后一刻再动笔，或者最后一秒钟再提交，因为我总是在期待一篇"完美"的文章。还有，我总会试图完成一些"30天全天然饮食挑战"或者"30天运动挑战"——通常都是等到周一的时候开始（笑）——然后只要我吃了一口所谓"违规"的食物，或者哪一天没有去健身房完成一次"完美"的运动，我都会觉得"一切都毁了"，觉得极度沮丧，开始胡吃海塞或者躺在床上连翻身都懒得翻，直到我觉得自己又一次"做好了百分之百的准备"再重新开始——通常也是个周一（笑）。

肖恩：我非常喜欢一句话，叫作"**任何值得做的事情，都值得不追求完美地去做**"（Anything worth doing is worth doing badly）[1]。比如你想去运动，那么其实并不需要制订一个完美的

---

[1] REMES O. How to cope with anxiety[EB/OL]. (2017-03)[2020-10-13]. https://www.ted.com/talks/olivia_remes_how_to_cope_with_anxiety/transcript? language=en.

健身计划，买到完美的装备，等到一个完美的周一（笑），最好的办法就是现在出门跑一圈。下次在写论文的时候，可以先把脑子里想到的东西记下来——不管是不是最好的——然后再根据已经有了的"自由写作"进行修改[1]，哪怕是"糟糕的开始"也比从来没有开始要好，何况在"自由写作"的过程中我们经常可以发现很多非常好的想法。你可以去尝试一下这种"不完美地开始"的方法——从今天开始——不用等到下周一（笑）。

我：好的（笑）。

肖恩：其实我们经常在这里见到一些世俗标准中的"人生赢家"，他们外表出众，学业、事业成功，家庭幸福，不过他们并不像我们想象的那样快乐。所以说，如果我们不能学会从内心接纳自己的话，无论外在看起来多么让人羡慕，都很难获得"内心的平静"。我当然支持你不断地提升自己，这是一种非常积极的生活态度，只不过健康的"自我提升"要建立在自我接纳的基础上，而不是自我厌恶，觉得现在的自己毫无价值。我希望你的时间可以用来"创造"，通过自己的方式将自己和这个世界变成一个更加美好的地方，而不是把精力都用来"表演、证明、取悦、追求完美"（perform, prove, please, perfect）。

---

[1] University of Lynchburg: freewriting techniques[EB/OL]. [2020-10-13]. https://www.lynchburg.edu/academics/writing-center/wilmer-writing-center-online-writing-lab/drafting-a-document/freewriting-techniques/.

那我去跑步啦
回头再聊！

11月30日 星期三

微信步数：9720　/　内心：平静不存在的

　　我决定从今天开始，用"微信步数"以及"内心"来记录自己的每一天，而不是体重或者卡路里。在学校附近的瑜伽馆上完瑜伽课后去附近的快餐店买了一个炸鸡汉堡，拿着汉堡一出门就看到10米远的地方有一个熟悉的身影，是珊珊的准男朋友钟楠。我低着头祈求他不要看到我，钟楠大声喊道："嘿！梦曦！好久不见！哎哟，这是炸鸡汉堡？过得不错嘛！"我有种干了坏事被当场发现的感觉，瑜伽后的好心情一扫而光，不知道该说些什么。他看到我背着的瑜伽垫，继续说："你去做瑜伽啦？我跟你说啊，瑜伽只能提高人的柔韧性，让你变成一个柔软的胖子，想要快速减脂的话还是要做有氧运动。珊珊最近就在减脂，你可以和她一起——不过就不可吃炸鸡汉堡了哟。"我感到脸上火辣辣的，想要找个借口说这个汉堡是帮别人买的，责怪自己刚才为什么不把汉堡放在包里，非要拿在手里。"小恶魔"开始冲我大喊大叫。

与心理咨询师的第五次对话

12月1日　星期四

微信步数：10256　/　内心：???

(15：00 心理咨询中心)今天是第五次心理咨询，也是这学期的最后一次。

肖恩：这个礼拜过得怎么样？

我：非常忙碌，马上要期末考试，基本上所有的时间都在学习。我很庆幸自己及时来到这里寻求帮助，不然考试的压力只会让我的状态更加糟糕。

肖恩：我也很开心你愿意相信我们。

我：不过昨天碰到一件不那么愉快的事情，让我又一次感到那种和食物、身体有关的强烈的羞耻感。我上完瑜伽课以后去附近的快餐店买了一个炸鸡汉堡，不好意思，请不要嘲笑我，我只是偶尔堕落，啊，不对，不应该用这个词，就是……偶尔想去吃一次，真的不是经常吃炸鸡汉堡……

肖恩：你拿走汉堡的时候，付钱了吧？（笑）如果付过了钱，为什么要感到抱歉呢？开个玩笑，我的意思是，食物只有营养价值，没有道德价值。我只会建议你保持营养均衡，绝对不会在人格上评判你。顺便提一句，我也很喜欢吃炸鸡汉堡。

我：（笑）谢谢理解。我有一个朋友叫珊珊，那天我拿着汉堡的时候碰到了她的准男朋友钟楠，他说如果我想和珊珊一样减脂的话就不该吃汉堡。我知道他说的是对的，而且我也不应该这么敏感，不过我当时就觉得极其羞耻，像做坏事被当场抓住，只想找个地缝钻进去。然后那个暴食的"小恶魔"开始冲我大喊大叫，每次在这种强烈的情绪面前都容易做一些不理智的事情。我用你教给我的方法跟自己说，我现在感到羞耻和焦虑，还有一丝愤怒，不过这没有关系，一定会过去的；然后我试着把自己和"小恶魔"区分开来，告诉自己那不是"我"的声音，不是"我"的真实想法，我可以选择不遵循"它"的要求，我拥有最终的控制权。我回到房间洗了个热水澡，慢慢冷静下来。

肖恩：你做得很棒，我为你感到骄傲，你也应该为自己感到骄傲。

我：冷静下来以后我一直在想，为什么特定的食物总是可以让我产生如此大的情绪波动？我的意思是，炸鸡汉堡肯定不是最健康的食物，不过吃它也不是什么伤天害理的事情，为什么我当时会感到如此羞耻，几乎无法忍受？我想这种基于食物的羞耻感可能很早就有苗头。

肖恩：可以跟我讲讲吗？

我：我的父母都非常喜欢烹饪，所以很多美好的童年回忆都和食物有关，这可能也是为什么我会觉得食物可以带来很多的安全感，就像家的感觉。不过有一件事例外，我爸爸很喜欢研究营养学，知道很多精加工的食物都对健康有害，于是从我很小就不让我吃那些东西，主要是膨化食品、碳酸饮料、甜食之类的，当然还有炸鸡汉堡。那时候我们家对面就有一家快餐店，每到周末就有很多小孩子在里面，而我爸爸几乎从来不让我去。那时候并没有什么胖瘦的概念，不过小孩子嘛，越是不让吃什么就越想吃什么（笑），于是我对那些"违禁"食物慢慢发展出一种过分的渴望。我妈妈当然也希望我可以尽量在家吃一些健康的食物，不过远没有爸爸那么严格。有一次我趁爸爸不在家，说服妈妈给我买了一个炸鸡汉堡，没想到爸爸提前回了家。我不记得他当时说了些什么，不过他很生气，非常生气。爸爸是我见过脾气最好的人，永远都是笑呵呵的，那是我印象中他唯一一次生气，于是我非常深刻地意识到炸鸡汉堡是"坏"的，我绝对不可以吃，不然就不是好孩子。后来周围的亲戚朋友，甚至是幼儿园的老师们都夸我是"好孩子"，因为我从来不吃那些"垃圾食品"，让周围的小伙伴们都向我学习。于是我还有了"偶像包袱"（笑），更加严格要求自己不吃那些东西。毕竟谁不想当好孩子呢？

肖恩：我明白。

我：你肯定已经猜到，我越是规定自己不许吃那些

二十岁这一年发生了什么？

"坏"的食物，就越是控制不住地想吃。有时候去超市会在薯片那里站好长时间，幻想自己吃遍货架上所有口味的薯片。有一次在糖果店门口站了太长时间，热心的售货员姐姐还送了我两块糖（笑）。后来长大了一些，大概初中的时候，有了更多的自由，我会把零花钱攒起来，趁着爸妈都不在家的时候去买所有平时想吃但不能吃的东西，直到撑得完全吃不下去，然后小心翼翼地在爸妈回来前收拾干净所有的"罪证"。现在想想，这大概是最初的"迷你暴食"吧，只不过当时还和身材焦虑无关。所以我从很小开始就对食物有非常明确的道德评判，食物分为"好"和"坏"，"好孩子"是不可以吃"坏"食物的，那样做是羞耻的，会让所有人对我失望。我爸妈现在已经完全不会限制我的食物选择，不过每次看到"坏"的食物，我还是会下意识地想要躲起来偷偷地吃，不让任何人看到。

肖恩：那么我想钟楠对于那个汉堡的评论让你产生的羞耻感，也和这段经历有关吧？

我：是的。他看到我的那一刻，我好像瞬间回到小时候买炸鸡汉堡让爸爸撞见时的感觉。我觉得自己不再是"好孩子"，觉得所有人都对我感到失望，我控制不住地一直在心里跟自己说："你怎么可以吃垃圾食品，你这个垃圾"；再加上这几年我对自己的身材非常不满意，这种身材焦虑让我和食物

162　　　　　　　　　　　　　　　　二十岁这一年发生了什么？

的关系更加复杂。其实他并没有说什么特别冒犯的话，不过可能刚好碰到了我最敏感的点，当时真的差点哭出来。

肖恩：他应该尊重你的选择，不随意加以评论。就像我们之前聊过的那样，食物给予我们能量，身体让我们去做所有想做的事情，这不是一件值得感激的事情吗？不需要拿着放大镜去寻找每一个小瑕疵，甚至给这些不完美都冠以道德价值。你的生活不是一场表演，身体更不是一个展示品。炸鸡汉堡又怎么样呢？那里面有人体需要的碳水化合物和蛋白质。

我：我感觉现在这种和食物有关的羞耻感越来越普遍，经常听到有人说"我真的好堕落，吃这么罪恶的食物"之类的。

肖恩：是的，大环境或多或少地影响着每一个人。所以我们选择使用的语言和其体现出来的思维方式是很重要的，不仅影响着我们自己的情绪，更作为大环境的一部分影响着更多的人。下次再吃炸鸡汉堡的时候，尽量不要说"我怎么可以吃垃圾食品，我真是个垃圾"，而是仅仅描述一个事实"我刚刚吃了一个炸鸡汉堡，现在感到很满足"。只有当你允许的时候，很多事情才可以伤害到你。

我："我刚刚吃了一个炸鸡汉堡，现在感到很满足"？这听起来真不错。想想确实是这样的，每次我对于自己的食物选择感到强烈的羞耻时，反而更容易用过度进食来麻痹这种负面情绪，最后不仅没有少吃，还让自己的情绪非常不好。

肖恩：没错。这可能听起来有些令人感到意外，但是这种"羞耻感"会增加进食障碍和失调性进食的概率[1]。就像我们之前说的，健康饮食不仅仅包括食物的营养价值，还包括我们和食物的关系，以及食物带给我们的感受；如果"健康饮食"给我们带来过多的压力或者焦虑情绪，那么这很难称得上是真正健康的。

我：确实是这样的，不过我还是对于"羞耻"反而让我更容易暴食这件事有些困惑。大家都说感到羞耻是向着积极的方向改变的第一步，可是为什么"羞耻感"反而给我造成更多的困扰呢？我很长一段时间都不敢照镜子，摸到自己身上的肉就想哭，用肥大的衣服把自己隐藏起来，不过即使这样也没有激励我减肥成功。这是为什么呢？是因为我的羞耻感还不够强烈吗？

肖恩：这是一个好问题，咱们先来看看"羞耻"到底是什么意思。一位专门研究"羞耻"的心理学家布琳·布朗（Brene Brown）在采访上万人之后总结道，"羞耻是一个极其痛苦的感受或体验，这种感受或体验让我们相信自己是有缺陷的，

---

[1] KELLY A C, TASCA G A. Within-persons predictors of change during eating disorders treatment: an examination of self-compassion, self-criticism, shame, and eating disorder symptoms[J/OL]. The International Journal of Eating Disorders, 2016, 49(7): 716-722 [2020-11-05]. https://doi.org/10.1002/eat.22527.
SANFTNER J L, BARLOW D H, MARSCHALL D E, TANGNEY J P. The relation of shame and guilt to eating disorder symptomatology[J/OL]. Journal of Social and Clinical Psychology, 1995, 14(4): 315-324 [2020-11-05]. https://doi.org/10.1521/jscp.1995.14.4.315.

因此我们并不值得真正的接纳和归属感（Shame is the intensely painful feeling or experience of believing we are flawed and therefore unworthy of acceptance and belonging）。"那么"内疚"（guilt）和"羞耻"（shame）的本质区别是什么？"内疚"是"我犯了一个错误"（I made a mistake），而"羞耻"则是"我本身就是一个错误"（I am a mistake）[①]。

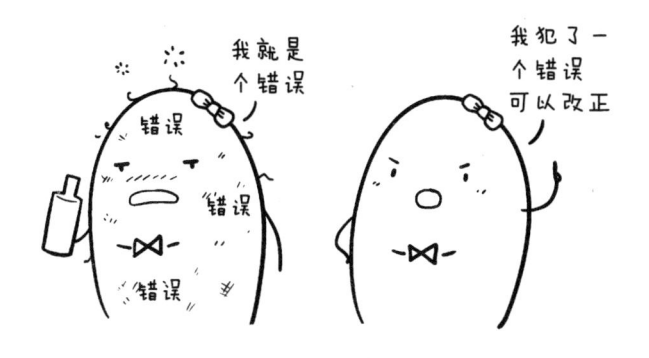

我：是的，就是这种感觉。不仅仅是某个具体的行为，而是我本身就是一个巨大的错误，什么都是错的。

肖恩："羞耻"是一种非常黑暗的状态，往往让我们无法客观地看待自己，只觉得自己是一座孤岛，和外界都没有联系。如果我们习惯性地认为负面事件是"由自身引起的（internal）、持续的（stable）、全面的（global）"，则更有可能

---

① BROWN B. Daring greatly: how the courage to be vulnerable transforms the way we live, love, parent, and lead[M]. New York: Gotham Books, 2012.

感到"羞耻"而不是"内疚"[1]。假如我在商场冲动消费（笑），当我认为自己冲动消费是因为"刚才不小心让打折券冲昏头脑"，我可能会为这个行为感到内疚，并且告诉自己下次要做好财务计划；不过当我觉得"我一直都是一个完全没有自制力的废物，什么都做不好"，我很可能会为自己的存在本身感到羞耻[2]，这种威胁我们核心价值的状态[3]很容易通过抑郁症、进食障碍、药物依赖、酒精上瘾、暴力和自我伤害的行为表现出来[4]。而且你发现没有，与"内疚"相比，"羞耻"其实并不能帮助我们向着积极的方向改变——因为你在完全否定自己。

我：这么说的话，我之前的很多想法是不是都源于认为负面事情是"由自身引起的、持续的、全面的"这种认知模式？男神拒绝我的时候，尽管他说是因为最近没有精力来维持一段感情，我还是认为这全是因为我不够好，而且我永远都不够好，甚至一无是处，没有人会喜欢我。

---

[1] TANGNEY J P, WAGNER P, GRAMZOW R. Proneness of shame, proneness to guilt, and psychopathology[J/OL]. Journal of Abnormal Psychology, 1992, 101(3): 469-478[2020-11-07]. https://doi.org/10.1037//0021-843x.101.3.469. 值得注意的是，我们同时还会用完全相反的方式来看待正面事件——这件好事会发生都是因为"外部因素、是不稳定的、不全面的"。这种"归因方式"与抑郁症呈现显著的正向关联，称为"致郁的归因方式"（depressogenic attributional style）。

[2] YI S, BAUMGARTNER H. Coping with guilt and shame in the impulse buying context[J/OL]. Journal of Economic Psychology, 2011, 32(3): 458-467 [2020-11-07]. https://doi.org/10.1016/j.joep.2011.03.011.

[3] DOLEZAL L, LYONS B. Health-related shame: an affective determinant of health[J/OL]. Medical Humanities, 2017, 43(4): 257-263 [2020-11-07]. https://doi.org/10.1136/medhum-2017-011186.

[4] YAKELEY J. Shame, culture and mental health[J/OL]. Nordic Journal of Psychiatry, 2018, 72(1): 20-22 [2020-11-07]. https://doi.org/10.1080/08039488.2018.1525641.

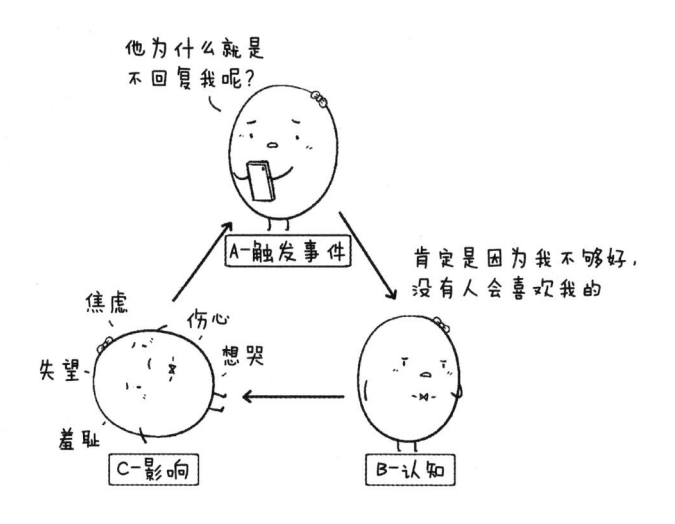

[图示:
- 他为什么就是不回复我呢？
- A-触发事件
- 肯定是因为我不够好，没有人会喜欢我的
- 焦虑、伤心、想哭、失望、羞耻
- C-影响
- B-认知]

肖恩：是的，你很聪明。这种对于触发事件（Activating event）的认知（Beliefs）会直接决定这件事对我们的影响（Consequences），这就是我们常说的"ABC 模型"[1]；换句话说，生活中发生的事情对我们的影响取决于我们对于这件事的认知，而不仅仅是这件事本身。所以，改变"不健康的认知"（irrational beliefs）对于提升心理健康水平是非常关键的，这也是基于"ABC 模型"的"ABCDE 模型"——"D"代表"挑战不健康的认知"（Disputation），"E"代表更为健康的认知所带来的更为积极的结果（Effect）[2]。具体来说，我们需要学会"检查证据"（examine the evidence）：到底有没有足够的证据来支持我们

---

[1] American Psychological Association: ABC theory[EB/OL]. [2021-05-19]. https://dictionary.apa.org/abc-theory.
[2] SELVA J. Albert Ellis' ABC model in the cognitive behavioral therapy spotlight[EB/OL]. (2021-02-17) [2021-05-25]. https://positivepsychology.com/albert-ellis-abc-model-rebt-cbt/.

的这些负面认知？现在请你想一想，我们可以合理地从"男神没有和我在一起"推断出"我永远都不够好，没有人会喜欢我"吗？试着站在"墙上的一只飞虫"的角度，客观地看待这个问题。

我：似乎是不可以的（笑）。

肖恩：具体说说呢？

我：他确实没有和我在一起，不过他起初还是答应约会，说明并不是对我没有任何兴趣。他说那段时间没有精力维持一段感情，或许我应该相信他，至少没有证据证明他后来改变主意是我的错。我有很要好的朋友，也有过一段感情，所以并不是"没有人会喜欢我"。

肖恩：那么有没有足够的证据说明他没有和你在一起是因为你不够瘦？或者只有你瘦到某个数字，才能获得爱和归属感？

我：好像也没有。

肖恩：是的，很开心可以听到你这样说（笑）。还有一些在生活中常见的"认知偏差"，比如：

非黑即白的思维模式：如果不能做到完美的话，我就一无是处。

灾难化结果：如果不能通过明天的面试，我一辈子都会在失业和贫困中度过。

读心术：所有人都觉得我很愚蠢，一定是这样的。

过滤积极的事件：今天他夸我很好看，不过他肯定只是客气一下。

预见未来（fortune-telling）：我一定会失败的。

过度标签化（labeling）：我就是这样一个招人讨厌的人。

情绪化的思考过程：我感到紧张，所以我一定处在极度危险的环境中。

个人化结果：他今天不开心，肯定是因为我做错了什么。

下次感到低落、焦虑，或者任何负面情绪的时候，不妨找一张纸写下来"客观发生的事件"以及"当我感到负面情绪的时候，我在想些什么"，比如，"我这次课堂演讲极其糟糕，肯定所有人都觉得我是个废物，我一定会挂掉这门课，一辈子做个失败者"。之后，看看我们是否陷入"认知偏差"的陷阱，比如"灾难化结果"和"读心术"。然后，就像我们刚才一起做的那样"检查证据"，列出是否有足够的证据支持我们的这些"自动化思维"。最后，我们可以试着重新描述发生的事件以及对于客观事件的认知，这次试着过滤掉那些不健康的思维模式，比如，"这次课堂演讲的发挥不如我期待的那样，我感到有些失望"，这个时候我们感受到的负面情绪也许会降低很多——这种方法叫作"认知重建"（cognitive restructuring）[1]。

---

[1] HAIDT J, LUKIANOFF G. The coddling of the American mind[M]. Penguin Books, 2019.

我这次课堂演讲极其糟糕，肯定所有人都觉得我是个废物，我一定会挂掉这门课，然后一辈子做个失败者。

愤怒

羞耻

焦虑

读心术
灾难化
结果

有什么证据支持现在的想法

课堂演讲不如预想的那么顺利，有一些不流畅的地方。

有什么证据不支持现在的想法

- 教授说我的想法很有创意
- 坐在旁边的同学也这么跟我说
- 我在这门课上的表现一直不错
- 我很努力，学到了很多新知识，也一直在进步

这次课堂演讲的发挥不如我期待的那样，我感到有些失望，不过我会继续努力。

我：这听起来是个很好的办法，停下来思考一下哪些自我指责是不是合理的。

肖恩：是的。如果刚才说的方法有些困难的话，还可以想象一位朋友在听到这些"自动化思维"的时候反驳我们，想象一下 TA 可能会说些什么？ TA 说的有道理吗？

我：明白，我会尝试这些方法的。回到刚才"羞耻"的问题，我突然想到，好像通过羞辱试图让自己或者别人改变行为的做法在生活中还挺常见的，就像"你这个废物，没有人会喜欢你的"或者"你看看别人家的孩子，再看看你"之类的，都不是在点出某个错误的行为，而是在针对一个人本身。

肖恩：你观察的很对。 我们在创造"羞辱文化"的同时，也在创造着最为药物滥用、酒精上瘾、肥胖、负债累累的一代人[1]。当我觉得自己本身就是一个错误的时候，我会怎么做？我可能会"回避"（moving away），变得冷漠、孤僻，断绝自己和外界真实的连接；可能会"讨好"（moving toward），试图通过取悦他人来获得认可；或者"对抗"（moving against），变得暴力，试图通过羞辱别人来对抗自身感受到的羞

---

[1] BROWN B. The power of vulnerability[EB/OL]. （2010-06）[2020-10-13]. https://www.ted.com/talks/brene_brown_the_power_of_vulnerability? language=en.

耻感。所以你看，无论是哪种方式都很难激励我们获得任何提升①。

我：好像确实是这样的。

肖恩：希望你可以记住这句话：**我们永远无法通过羞辱和贬低的方式来让一个人向着积极的方向改变行为（You cannot shame or belittle people into changing their behaviors）**。举个很常见的例子，比如我们希望最喜欢的球队有好的表现，我们会去喝彩，会说："加油，相信你们是最棒的！"大概不会听到有粉丝说，"看看你自己这个样子，就是一群彻头彻尾的废物"，对吧（笑）？

---

① BROWN B. I thought it was just me (but it isn't): telling the truth about perfectionism, inadequacy, and power [M]. New York: Gotham Books, 2008.

二十岁这一年发生了什么？

我：（笑）是的。我的书桌上贴着一份所谓的"减肥励志语录"，现在看来就是赤裸裸的"身材羞辱"，我或许应该把这个换下来了。

肖恩：是的，我支持你这样做。当你想要对自己说一些刻薄的话时，请你在心里想一个对你很重要的他人，比如你的家人、朋友，甚至是你未来的伴侣、孩子，想象一下对着他们说出你对自己说的话，你会是什么感受？

我：我不可能对他们说出这样的话（笑）。

肖恩：（笑）我也相信你不会，那么希望你可以试着同样温柔地对待自己。

12月3日　星期六

微信步数：　12740　/　内心：平静

给划船队的教练 H 发消息说下学期可能不会继续参加训练，为我给大家造成的麻烦道歉。H 很快回复道："不需要道歉，我完全理解你的决定。我们总是在想怎么可以做更多的事情，获得更多的成绩，有时会忽略自己的身心健康。我也是在去年经历过一段类似的时期后才开始学着放弃对自己不切实际的期待。很抱歉我之前没有意识到你在度过一段困难的日子，如果你今后需要找个人聊聊的话,我随时都在。"

因为小露只在这里待一个学期,这个学期结束之后就要回国,所以我和杰森今晚请她吃饭。小露见到我,说:"梦曦,你好久没有和我们一起吃饭了,我还以为你不喜欢我们呢。"我不好意思地笑了一下。我们一边吃着一边聊得很开心,杰森问小露这学期有什么感受,小露说:"初来乍到还是会碰到不少小麻烦,不过我发现当你觉得事情特别特别糟糕的时候,往往马上就要触底反弹!"

"我也觉得是!所以说,风雨之后总能见彩虹!"我说。

"或者说,"杰森托了一下眼镜,"这个就是生活中的'均值回归'"。

12月4日 星期日

不要打瞌睡,真的不要打瞌睡,至少不要在图书馆打瞌睡。嘿,快醒醒!!

期末考试歌单:
《我的未来不是梦》《明天会更好》《光辉岁月》《勇敢的心》《白天不懂夜的黑》《从头再来》《怒放的生命》《壮志雄心》《奔跑》《追梦赤子心》《飞得更高》《我相信》《倔强》

在图书馆地下一层厕所旁边的小角落里奋力地写神经科学的论文，突然听到外面一阵骚动，以为出了什么事情，发现居然是一群人在狂奔，原来今天是"期末考试周前最后的狂欢"。

"这个狂欢具体的内容是什么呀？"我问在一旁看热闹的小哥。

"没有人可以回答这个问题，"他说，"如果你记得这天晚上发生了什么，那么你就没有真正地参与进来。"

12月10日 星期六

微信步数： 7536 ／ 内心：欢呼雀跃

啊哈！期末考试周提前结束。刚刚提交完最后的统计课的考试，大概的题型就是利用统计知识解决一些实验中可能遇到的问题。因为所有答案都是在电脑上完成的，而且不限制时间，所以教授就让我们拿回家完成（take-home exam）。正在房间里收拾东西的时候，收到统计课同学W的消息：

> **W**: 梦曦！你搞定统计的期末考试了吗？

> 我: 哈哈，刚刚提交。

> **W**: 哇，好厉害呀!

> **W**: 实在不好意思，我可能需要麻烦你一件事。我的朋友们基本上都已经离开学校，或者正在用电脑考试。我的电脑突然出现问题，怎么也没法开机。今天晚上可以借用你的电脑完成一个历史课小测验吗？最多只要一个小时。

我有些警觉，为什么要借电脑这么私人的东西？于是我说：

> 我: 我可以带你到图书馆去，那里的电脑可以随便用，而且旁边还有一个自动售卖机，非常贴心，哈哈哈。

> **W**: 我本来确实可以用图书馆的电脑，不过我今天早上癫痫病发作，现在不可以坐很长时间。如果有笔记本电脑的话我就可以躺在床上完成历史课测验啦。这个考试今天晚上就要截止，占最后总分的20%，如果不做的话肯定会得零分。

二十岁这一年发生了什么？

W：真的非常抱歉麻烦你，最近的生活一团糟。求求你帮帮我可以吗？

　　于是我只好答应 W 的要求，不情愿地准备去给她送电脑，心想这是最后一次。旁边的珊珊一脸坏笑地说："我提醒你一句哈，你的电脑里有没有——你懂的，照片什么的——"

12月11日　星期日
微信步数：　4839　／　内心：期待回家

　　（20：00）期末考试周结束，珊珊让我和她一起去喝酒庆祝一下。鉴于上次自己在房间里喝醉的迷惑操作，我小心翼翼地点了一杯莫吉托。然而 10 分钟以后，和珊珊聊着天，开始觉得脸上发热，心跳加速。我跟珊珊说："咱们回去吧，我好像醉了。"珊珊说："这才 10 分钟，你已经醉啦？"回到房间以后躺在床上，觉得天旋地转。为了验证是我今天喝得太快，还是我的酒量就是很差，我决定明天继续去喝酒。

12月12日 星期一

微信步数： 11865 / 内心：期待回家

（20：00）运用心理学实验设计和统计的知识，进行了以下实验：

实验报告

实验目的：验证是喝得太快，还是酒量不行

文献综述：无

实验原因：好玩儿+闲的+珊珊想喝酒

实验方法： 12月11日晚8点和珊珊一起在酒吧点了一杯莫吉托；在10分钟内喝掉半杯以后出现了脸红、心跳加速等状况。12月12日晚上于同一时间（20：00）和珊珊去了同一个酒吧点了同样的酒，并且恰好坐在同一个地方。因为需要进一步控制变量，我们晚饭仍然在同一时间去吃了同一家越南粉店里的同一款越南粉，即使那家店极其难吃，连柠檬茶都没有。唯一的自变量是喝酒的速度（11日为10分钟/半杯， 12日为20分钟/半杯）

实验结果：还是醉了

实验结论：确实是我酒量不行

实验的局限性：几乎全是局限性，完全不严谨，没有任何科学价值

结论：以后还是点无糖可乐吧

12月14日 星期三

微信步数： 9639 ／ 内心：一波三折

终于可以回家啦！非常激动。在机场办好乘机手续之后还有不少时间，于是我去快餐店买了一盒寿司当作午饭。正在吃的时候看到珊珊发了一条学期总结的朋友圈，其中有一张是我们刚刚出发前的自拍，钟楠在下面留言道："怎么不把梦曦 p 瘦一点？"我再看照片，觉得自己的脸确实比珊珊要大无数倍，顿时感到一阵无法忍受的羞耻感。"小恶魔"闻讯赶到，对着我大喊：

我跟你说什么来着？你根本没有资格吃任何东西！快停下来！！

我试着反驳道：这只是他的看法，不代表就是真实情况。而且任何人都需要食物提供的能量。

想到肖恩的话，我在心里跟自己说，我拥有最终的控制权。我决定忽略"小恶魔"的歇斯底里，继续吃寿司以及套餐里赠送的小饼干，直到吃饱。还没走远的"小恶魔"怒气冲冲地掉头回来，尖叫道：

这可真该死。看看你自己的样子，居然还敢吃饼干？你会长胖 20 斤的。去他的吧，既然今天已经毁了，不如去吃所有东西，明天再重新开始节食。回家的第一个礼拜你最好什么都不要吃，作为惩罚！

我坐在位子上深呼吸，告诉自己，无论现在看起来多么强烈的情绪都会过去，我不需要用任何不健康的方式试图麻痹自己。不要陷入"非黑即白"和"灾难化思维"的陷阱，我提醒自己，一块饼干不会让我长胖20斤，也没有毁掉我的一天，而是给我的身体提供所需要的能量。我继续待在原地，在脑海中想象将自己和那个强烈的暴食的冲动分开，不断地告诉自己：我拥有最终的控制权。十几分钟后，我渐渐冷静下来，拿好东西从餐厅往外走，感觉自己充满力量。

12月18日 星期日

微信步数： 3028 ／ 内心的平静指数： -100000

（15：30 家里）在几天黑白颠倒的昏睡之后，中午和秋言约饭。因为她晚到了半个小时，我去旁边的商场转悠，期间有将近10人试图与我搭讪，不约而同地告诉我，我的眉毛需要进行修整。

回到家以后，例行公事一般地打开邮箱，看看这学期的成绩有没有出来。发现一封来自统计课教授的邮件：

邮件题目：重要！看到请立即回复
发件人：统计课教授
收件时间：12月17日 星期日

邮件内容：

我在批改期末考试的过程中发现你和班上一位同学的答案极其相似。根据我 20 年的教学经验，这种相似程度几乎不可能只是巧合。你对这件事知情吗？在我给出评判之前，希望可以听一听你的解释。看到后请立即回复。

我的大脑中"嗡"的一声，心跳开始加速，不敢相信自己的眼睛。肯定是 W !! 原来借我的电脑是因为要抄我的答案，根本不是身体原因！我感到一股怒气冲上心头，想要立马冲到 W 的面前嘶吼。 打开电脑，在愤怒中写下：

教授好，

　　一定是 W 干的好事！啊啊啊啊啊啊啊啊！气死我啦!! 啊啊啊啊啊！啊啊啊！气死我啦!! 气死我啦!!! 气死我啦！气死我啦!!! 啊啊啊啊啊！气死我啦气死我啦气死我啦气死我啦!!! 这么会有这种事情？！啊啊啊啊！为什么会这样？　啊啊啊啊！气死我啦!!

最后一丝理智让我没有点击发送。 我戴着耳机出去跑了一圈，回来以后修改成这样：

教授好，

　　一定是 W 干的好事。 啊啊啊啊啊啊啊啊。 气死我啦。 啊啊啊啊啊。 啊啊啊。 气死我啦。 气死我啦。 气死我啦。 气死我啦。 啊啊啊啊。 气死我啦气死我啦气死我啦气死我啦。 这么会有这种事情？ 啊啊啊。 为什么会这样？ 啊啊啊啊。 气死我啦。

（19：30）强烈的情绪过去了一些，我意识到发这些嘶吼给教授并没有什么意义，重要的是让教授相信，我并没有主动协助作弊，于是我花两个小时写下：

教授好，
　　我感到非常震惊，因为期末考试完全是我独立完成的，我会为这句话负责。我的期末考试是在12月10日在图书馆完成的，我想那里应该会有监控，同时我可以提供电脑中保存的所有运算过程。如果那位和我答案相似的同学是W的话，我们之间确实发生过一件事：我提交完考试之后，W以身体不适及电脑损坏的理由来借我的电脑，附件里面是我们当时聊天记录的截图。如果您还需要我提供任何细节，我可以打视频电话给您。很抱歉给您造成麻烦，我当时应该更为谨慎；不过我可以保证我的期末考试——所有考试——都是独立完成的，希望您可以相信这一点。

12月19日　星期一

微信步数：　379　/　内心的平静指数：　-100000000

久违的失眠，半梦半醒中回想整件事情，努力与想用食物麻痹情绪的冲动作斗争。W是不是觉得我就是个傻子？是不是所有人都觉得我就是个傻子？教授会怎么想？教授肯定觉得我不可理喻，没有见过我这么傻的人。最郁闷的不是别人把你当成傻子，而是你仔细一想，发现自己确实是个傻子。我当时已经感到疑惑，为什么不坚持自己的判断？不敢相信自己竟然如此愚蠢。我到底在想什么？我为什么总是这么傻，连这样的小事都办不好？我到底还能做什么？

躺在床上越想越烦躁，我提醒自己不要跳入"灾难化结果"和"读心术"的认知偏差——我并不知道教授是怎么想的——也不要给自己"贴标签"。我试着用"认知重建"的方法，剔除这些认知偏差，客观地描述这件事：我帮助了很多次的同学利用我的信任做了一件非常不好的事情，这让我感到愤怒和失望。为了避免陷入"反刍思维"，我想象自己是"墙上的一只飞虫"，站在旁观者的角度跟自己说："你确实有一些疏忽，下次要注意保护自己，学会拒绝。不过，这件事的主要责任绝对不在你，你没有任何作弊或者协助作弊的念头，教授也给了你一个解释的机会，没有理由继续苛责自己。"

每隔几分钟查一次邮箱，终于等到教授的回复：

谢谢你提供的信息。我认为你在整个过程中没有过错，恭喜你在这学期的心理学实验设计和统计课程中获得 A 的成绩。下次注意不要把电脑这么私人的物品轻易借给别人。事实上，不要因为任何人的要求而去做让你感到不舒服的事情。诚信永远都是底线，任何形式的学术不端都是无法容忍的；我已经将这位同学的行为上报给学校，学校会根据相关规定做出处理。祝你假期快乐！

绷紧的神经终于放松下来，我深深地松了一口气，庆幸自己逃过一劫。

12月23日 星期五
微信步数： 8028 / 内心：平静完全不存在

12月的最后几天真是水逆，奇怪的事情一箩筐。早上去健身房骑自行车，一位教练很热情地站在我旁边，一直在跟我说话："小姐姐啊，我看你这个身材还是需要减减脂的。光像你这样自己有氧运动是不够的，会掉肌肉的，基础代谢下来以后越来越难减肥。你应该跟着我上私教课，保证你瘦下来变成女神。"所以，怎么才能在健身房获得内心的平静和一段没有打扰的时光？也许应该在脖子上挂一个这样的牌子：

> 你可能认为我有很多脂肪
> 不过我真的没有钱
> 我也感到很无奈

运动过后走进更衣室,在我暗自庆幸终于脱离评头论足时,旁边两个女生的对话猝不及防地飘进我的耳朵里:

"哎呀,你好瘦呀,我最近胖了好几斤呢,今天晚上绝对不能吃晚饭!"

"别闹啦,你看你那个腿多细呀,我都快100斤啦,都没脸见人啦!"

我偷偷地瞥了一眼这两个很苗条的年轻女孩,这让我感到无地自容,以最快的速度换完衣服,匆匆逃离了健身房。

晚饭的时候,我们全家和一位多年没见的远方亲戚和他的女儿一起聚餐。亲戚的女儿和我差不多的年纪,身材高挑,看起来比我瘦很多。我在心里提醒自己,不要总是和别人比较。大家正在闲聊,长辈们还是关切地让年轻人多吃点,这时候表姐突然说:"我今天吃了整整一碗米饭,这怕不是暴食症吧,回去肯定长胖好几斤。"听到这话,我回想起上学期的种种,回想起我的"暴食",五味杂陈,很想告诉她那并不是"暴食症",真正的"暴食症"是一件很严肃的事情,然而我并不知道该怎么开口。这时候表叔对表姐说:"那你就少吃点呀,干嘛一边说还一边往嘴里塞。"接着,他话锋一转,对我说,"梦曦呀,咱们是不是没少长胖呀,小脸越来越圆啦,可不能再继续胖下去了哟。"空气突然安静,爸爸赶紧开口圆场:"这不是生活越来越好了嘛,好吃好喝没烦恼。"表叔继续说:"找到男朋友了吗?我跟你说,别看你现在年轻,女孩子的时间可耽误不起,一眨

眼就变成剩女,那时候着急可就来不及啦。"我不知所措,脑子里都是那句"可不能再继续胖下去了哟","小恶魔"跳出来跟我说:

我跟你说什么来着?所有人都觉得你胖!你居然还敢吃?

桌子上各种各样的美食突然变成了最大的敌人,我假笑着放下筷子,打开手机偷偷搜索"7天不吃东西到底可以瘦多少斤",计划着如何在这一年的最后一个礼拜中突击减肥,用最好的自己迎接新年。妈妈伸手要给我夹一块鱼,我摇摇头说自己已经吃饱了,然后继续思考这几天的减肥计划。

回到家以后,细心的爸妈显然注意到了一直闷闷不乐的我,坚持问我发生了什么事情。

"是不是表叔的话让你不开心啦?你别往心里去嘛,你看他也说我们这个那个的。"爸爸说。

听到这话,感觉所有的委屈都涌上心头,一下子哭了出来,爸妈有些不知所措,只能一直安慰我。冷静下来以后,我给他们说了上学期发生的事情,他们很耐心地听着,尝试着理解我有些情绪化的表达。

"你为什么觉得自己需要通过饿7天来减肥呢?你一点儿也不胖呀,这是健康体重。"妈妈忍不住地问。

"我也不知道,也许这是我证明自己价值的方式,证明自己不是一无是处。"

"你本来就不是一无是处呀！你一直是爸爸妈妈的骄傲。为什么要这么贬低自己？"爸爸开口说。

"我好像总是对自己不满意，觉得所有人都比我好，你们觉得呢？"

"我们最大的希望就是你可以开开心心的，其他的都没有那么重要。至于刚才表叔说的话，以后你进入社会，肯定会碰到各种各样的人，会听到各种各样对你的评论，有些是无心之过，有些甚至是恶意的。要有一个强大的内心，不让这些评论影响到你。刚才你说自己暴食，可是这几个月你并没有胖啊？"爸爸关切地说。

"因为我每次暴食后总会断食至少一天，或者很早起床去健身房运动好几个小时，这些行为其实也是进食障碍或者叫失调性进食的一部分，所以即使体重没有明显变化，也会严重影响生活。我那时候觉得生活在失控，食物是我唯一可以控制的东西，或者说那是我的一种'应对机制'。饿着的时候在心理上觉得自己充满力量，暴食的时候竟然也可以找到一丝短暂的安慰，然后越来越难挣脱。"我尝试着解释。

爸爸妈妈互相看了一眼，脸上带着一丝疑惑，陷入短暂的沉默。意识到这个问题对于他们来说很陌生，我说："不过我现在已经好多了，我去找了学校的心理咨询师，很有帮助。"

"孩子，我们很想帮你，不过我们确实不太懂该怎么做，我们也没有遇到过类似的情况。如果你有什么想法，要及时告诉我们，我们也在学习。"妈妈很真诚地说。我觉得非常温暖，感受到了爸妈的关心和尊重。

12月25日　星期日

微信步数：　10653　/　内心：感到疑惑

去超市买菜，碰到两个人在激情对骂。他们就"到底谁心理有问题"以及"谁更应该去看心理医生"这两个问题展开了十多分钟的激烈争论，面红耳赤，周围一圈儿买菜群众在看热闹。为什么"心理问题"总是被用来骂人，"身体问题"就可以幸免于难？这可真让人感到疑惑。下次想要骂人的时候也许应该说，"你这个人是不是口腔溃疡呀？"

12月28日　星期三

微信步数：　9528　/　内心：有些不知所措

正坐在沙发上很开心地啃着一个苹果，珊珊打来电话，问我想不想和她一起从新年的第一天开始进行一个15天的快速减肥计划，在此期间只靠黄瓜、苹果以及无糖可乐为生。我承认自己犹豫了一下，可是"接下来15天只能吃很少很少"这个想法几乎让我突然间渴望所有的食物，于是我对珊珊说："这样不太好吧，听起来好疯狂，别这样对自己嘛。"

"可是钟楠似乎就喜欢特别瘦的女生，他的前几任女朋友都是很瘦的。我真的好希望他喜欢我啊！"

就知道和这个人有关系，我在心里翻了个白眼，说："你真的不能再瘦啦，再瘦就不健康了。"

"可是我觉得自己好胖呀，手臂大腿上都是肉，而且我爸妈也觉得我胖。"

听到这话，我感觉有些怪怪的，却又不知道该说些什么。

12月31日 星期六

微信步数： 10278　　/　　内心：感到坐立不安

（13：20）每次临近重要节日的时候总会让人感到兴奋中又透着一丝紧张——因为你要决定给哪些人发祝福、期待着哪些人会给你发祝福，同时还要思考这一切背后的含义。躺在床上和秋言商量到底要不要给男神发消息——

你说我今天晚上可以给男神发"新年快乐"吗?	我

秋言	我和大猪蹄子一会儿要去吃重庆火锅,好开心!

算了,我不发了。	我

一会儿他不回复,我又开始神经兮兮。	我

秋言	听说牛油火锅很好吃!

秋言	说真的,姐妹,你还在为这个男的纠结吗?

秋言	生活这么美好,出来浪呀!

秋言	再说了,世界这么大,不要在一棵树上面吊着嘛!

我真的不知道到底该不该给男神发。	我

秋言	话说,我之前给你推荐的那个牌子的包包到啦!

秋言：真的不错~！

秋言：设计特别有感觉，而且价格也不贵！

秋言：你不考虑入手一个吗？

我：可是我真的好想他呀！！！

我：今天不刷存在感的话，错过又要等一年。

我：或者春节的时候再发？

我：啊啊啊，可是我好想他！

我：不知道他最近在干什么。

20:30

我：我准备还是给他发！

秋言：不要告诉我，你从下午到现在一直在想这个事情。

	那我真的给他发啦？ 我
秋言 发呀！节日祝福有啥不能发的？	
	他这次要是还不理我…… 我
秋言 你想咋地？	
	……我确实也没啥办法。 我
	那我真的发了啊？ 我
秋言 说真的，这个牛油火锅真的很香。	

23:40

那我真的发啦？ 我

他应该会回复我的吧？ 我

23:45

应该不算特别烦人吧？ 我

二十岁这一年发生了什么？

23:52

> 我真的要发啦！就这么决定啦！ 我

> 你说到底要不要发？ 我

秋言 < 今年的跨年晚会真是不错！

秋言 < 你看了吗？

> 那一会儿我整点的时候发？ 我

23:57

> 不行，不能让他觉得我专门看着表等着整点给他发信息。 我

> 要制造一种漫不经心的感觉。 我

> 不然他会觉得我花了整整一晚上想他。 我

1月1日 星期日

微信步数： 682 ／ 内心的平静指数：-1000000000000000

在心里大骂男神：70分钟　幻想和男神在一起：260分钟
琢磨男神为什么不回复：40分钟　翻男神的社交媒体：60分钟

00:03

秋言：所以你发了吗？

我：还没，我还在等一个完美的时间。

我：绝对不能显得刻意。

我：发啦！

00:10

我：我刚刚做了一个重大决定：以后再也不为男神的事情感到纠结。

我：就像你说的，世界这么大，我要开始新生活。

> 回不回复是他的事情,我只需要做好自己。 我

00:27

> 他整整20分钟没有回复! 我

> 为什么??? 我

> 现在大家不应该都抱着手机吗? 我

00:35

> 你说他会不会是喝醉了? 我

00:40

> 他怎么老是喝醉呀? 我

07:48

> 还是没有任何回复。 我

20:30

> 什么都没有。 我

秋言 > 我在看电影,你先留言哈!

> 啊啊啊啊,你看他换了朋友圈的封面!! 我

> 不过就是不理我! 我

> 他连个谢谢都懒得跟我说吗? 我

1月3日　星期二

微信步数:　69　/　内心的平静指数:　-1000

　　半夜因梦到男神惊醒,一种强烈的空虚和极其复杂的情绪围绕着我。我一边静悄悄地责怪着自己的所有,一边开始为自己的如履薄冰感到些许不值得——甚至,还有丝丝愤怒。起床以后拉着妈妈聊这件事,妈妈问我是不是还喜欢他,我默默地点了点头。

"只要你开心,我不会干涉你的任何决定。我唯一的希望是你可以慢慢建立起一个更为强大的自我,而不是把情绪建立在别人的反应之上。不管你们以后是什么关系,我都希望你是一个情绪稳定、独立的个体。不要指望任何人对你的情绪负责——这给了他太多的权力和压力,对你们俩都不公平。不管你以后是和他还是跟别人在一起,你首先都要做一个快乐的人,这样才有可能拥有快乐的关系。"

我思考着妈妈的话,点了点头。

"他听起来是个非常优秀的男生,不过没有任何人是完美的。"妈妈继续说,"欣赏一个人的耀眼之处是很重要的,不过如果想维持一段长久的关系,你还需要了解、接受他的弱点。你爸爸喜欢到处乱扔袜子,袜子总是会莫名其妙地配不上对儿;不过他是一个很好的人,对于工作、家庭都尽心尽力,和这些优点相比乱丢袜子这种小毛病是可以接受的,我也不觉得应该改变他。我的意思是,希望你选择的是一个真实的人,而不仅仅是那个人身上的某些片段。"

"或许是我想象出了一个'完美'的形象,然后逼着自己也向着这个所谓'完美'的标准靠近。"

"年轻的时候我也幻想过一个风度翩翩的'白马王子'(笑),不过到了现在这个年纪,我越来越觉得应该找一个让你可以开怀大笑、可以真实地做自己的人共度一生,而不是一个总是需要小心翼翼的人。他同样也需要接受你的不完美——你的袜子似乎也总是配不上对儿。"

1月7日　星期六

微信步数：　8269　/　内心：平静

（19：30）陪老妈看电视剧的时候不小心睡着了，醒来以后发现剧情还完全接得上。我不禁在想，如果当年的数学课也是这样的该有多好。

1月9日　星期一

微信步数：　10864　/　内心：平静

（19：30）刚和珊珊视频，隐约觉得她比放假前瘦了不少，脸色有些憔悴，再三确认，她并没有执行那个恐怖的15天减肥计划，珊珊说她只是最近练舞运动量很大。被老妈抓去一起看电视剧，看了一会儿，我忍无可忍，说："你信不信，一会儿肯定是女主角无意中撞见男主角和女二号相拥，一气之下摔门而去，男主角扔下女二号不顾一切地追了出去，然后遇到车祸，倒在大雨中。"

（19：42）哈，果然让我说中了。那么多个暑假的电视剧不是白看的。

1月10日　星期二

微信步数：　8390　／　内心：平静

（19：30）我和老爸密谋决定，共同争夺电视的控制权。于是我们赶在老妈之前打开电视，体育台在回放老爸最喜欢的足球比赛，我也看得津津有味。

"你们俩在看什么呢？"老妈在厨房问。

"'皇马'对'马竞'的比赛。"

"马术比赛，你们也看得懂？"

听到这话，我和老爸笑翻在沙发里。

1月14日　星期六

微信步数：　　／　内心：平静

> 不知道，在去学校的飞机上

（不知道几点，飞机上）鸡肉饭和牛肉面夹杂在一起的味道真是终生难忘。

（不知道几点，飞机上）哇！刚刚走过去的那个男生好帅呀！和男神有那么几分神似。

（3分钟以后，飞机上）啊啊啊啊，现在这个男生在我的座位旁边排队去洗手间，要不要搭个话？

（10秒钟以后，飞机上）到底要不要去搭讪？

（5秒钟以后，飞机上）我该说些啥？"嘿，你也要去洗手间吗？哇，好厉害？"

（3秒钟以后，飞机上）不行。

（2分钟以后，飞机上）好吧，来不及了。又错过了一个脱单的机会。

1月16日 星期一
第二学期开学第一周

微信步数： 12219 / 内心：平静

开学第一天过得还不错！先去跟杰森打了个招呼，聊了聊假期发生的事情。这学期的四门课分别是临床心理学、社会心理学、公共健康以及认知心理学。和珊珊、秋言吃晚饭的时候认识了同样来做交换生的思睿。我们聊得很开心，于是建了一个微信群，便于大家互相交流。珊珊明显比假期视频的时候还要瘦，在我们的劝说下仍然只吃了一盘沙拉。

1月18日 星期三
微信步数：10219　/　内心：平静

　　正吃着一个七分熟的煎蛋，碰到了一个上学期在某个讲座上认识的同学，不记得叫什么名字，只知道人送外号"大佬"。"大佬"问我假期做了什么，我说在家调整了一下状态，陪陪爸妈见见朋友。"不不不，我的意思是，做了什么可以写在简历上的事情。"大佬说。……

　　临床心理学课上讲了一个令人三观尽毁的"真假精神病人"实验（Rosenhan Experiment）[1]。斯坦福大学心理学家大卫·罗森汉恩招募了8位各行各业的普通人来假装精神病人，他们要完成的任务就是把自己送进精神病院。到了医院后，所有的"病人"都说自己反复幻听到"轰"和"砰"的声音，除此之外，所有的言行举止都表现正常。结果是，8个假病人都被诊断为"精神分裂症"，并且接受住院治疗。入院后，他们像罗森汉恩指示的那样汇报自己不再幻听，行为完全正常，并且记录自己在医院的经历。没想到的是，有了"精神分裂症"这个标签以后，假病人们所有的正常行为都被解释为精神分裂症的症状，被继续强行关在医院并接受药物治疗。平均在精神病院待了19

---

[1] ROSENHAN D L. On being sane in insane places[J/OL]. Science (American Association for the Advancement of Science), 1973, 179(4070): 250-258 [2020-10-06]. https://doi.org/10.1126/science.179.4070.250.

天以后，8位假病人被释放，但其中7人被打上了"精神分裂症观察期"的标签。在实验的第二部分，罗森汉恩通知精神病院的医护人员，在未来的三个月内，会有一些"假病人"试图通过伪装症状进入医院。结果在这三个月的时间内，有193人被认为是"假病人"。然而事实上，罗森汉恩这次并没有派任何假病人去医院。

讲完这个实验后，临床心理学教授说："你们中的很多人将来都会成为精神病科医生或者临床心理学家，或者从事和公共健康相关的行业，讲这个实验是希望你们明白，心理或精神疾病的诊断有一定的主观性，过度'标签化'是一件危险的事情。在心理疾病的过度'标签化'之下，人不再是一个复杂而独特的个体，而完完全全地被一个精神或心理疾病的标签所概括、所控制。这些囊括性标签的社会破坏性极强，且极其不容易被彻底撕下来。所以以后不管你们是从事相关工作，还是当周围人受到困扰的时候，可以记住过度'标签化'的负面影响。过度'标签化'会将人强行分为'我们'和'他们'，非黑即白地分为'正常'和'不正常'，这是一件非常危险的事情。"

1月20日　星期五

微信步数： 13905　/　内心：平静

（7：00 宿舍）连着做了 20 个波比跳，累得在地上躺了 30 分钟①。

1月21日　星期六

微信步数： 8029　/　内心：平静

（06：30）早上不知道为什么醒得很早，去洗手间洗漱的时候，看到一个大一的学妹趴在那里吐，身上还有一股浓烈的酒精味。学妹看到我，明显有些紧张，赶紧说自己是昨晚吃坏了肚子才吐的。这时候 S 恰好走进来，身材仍然完美，我感到一丝不自在，不过我告诉自己不要想那么多，先和 S 一起把学妹扶到房间去。从房间出来以后，S 脸上写满了"你懂的"，笑着小声跟我说："她肯定是喝醉了。大家都憋了一个假期啦，有没有听见昨天晚上好几辆救护车的声音？"

（12：30）试图把所有欠下的阅读都完成未果后，在秋言的房间进行了和姐妹们的第一次"闭门会议"。所谓"闭门会

---

① 不许笑。

议"，顾名思义，就是每个周六中午在房间里一起点外卖，关上门和姐妹们一起讨论男生讨论生活中有趣的人和事。今天思睿跟我们讲她的未来规划："其实我非常想毕业后为公益组织工作，因为我觉得高等教育不应该培养纯粹的利己主义者，我们应该心怀一些更大的理想，为那些不如我们幸运的人们做一些力所能及的事情。"我们为思睿的高尚情操感到非常敬佩，这时她继续说："不过这么做有一个很大的问题，就是我以后很有可能就没有钱来买很多很多漂亮的衣服了，也不会有条件让我的孩子接受最好的教育。可我又不想去投行或者咨询公司，那也不是我想要的人生。"

珊珊说道："我理解，我觉得这是一个很多人都在思考的问题——如何平衡现实的需要和心中的理想。"

"是的，"思睿说，"所以我想了很久，觉得最好的办法就是去找一个有经济实力的老公，然后坚持自己的理想。这样既保证了现实的需要，又没有放弃诗和远方。"

与心理咨询师的第六次对话

1月23日 星期一

微信步数： 12306 ／ 内心：不错，平静

（15：00 心理咨询中心）今天和心理咨询师肖恩进行了最后一次咨询，主要是聊聊最近的情况。

肖恩：这个假期过得如何？

我：很不错。我花了很多时间和爸爸妈妈在一起，还吃了不少好吃的。我觉得我可以重新感受到食物带来的幸福感了，而不是每天都处在节食或者暴食的状态中。虽然我还没能完全做到，不过我开始学着专注于自己，而不是时时刻刻在和别人比较。

肖恩：听起来非常棒，我为你感到骄傲。

我：假期发生了一件事。简单来说，我上学期上了一门心理学统计课，课上的一个同学一直找我帮忙讲题。期末的时候，因为我们是带回家的考试，需要在自己电脑上完成的那种，于是她找借口借走了我的电脑，抄袭了我的答案。我当时是真的没有意料到事情会变成这样，非常震惊和愤怒。冷静下来之后我想了很多，可能我上学期处于一个自我价值感极低的状态，我渴望不断地从别人那里得到认同，希望别人可以喜欢我，以此证明"我也没那么糟糕"——不管这个人是谁，对我是否重要，或者需要我付出什么。所以即使我心里觉得有些不合理，也一直在同意她的各种要求。我感到害怕，害怕如果我拒绝她的话，她就会讨厌我，这在当时的我眼里似乎是不能承受之重。

肖恩：是的，我一直认为建立一个更为健康的"个人边界感"（personal boundary）对你来说是非常重要的。我们都是社会动物，每天在和各种各样的人打交道，健康的个人边界感让我们在和他人建立关系的同时，也可以保持说"不"的能力。想想自己的原则和底线在哪里：对你来说，什么是人际交往中不能逾越的"红线"？哪些言行在你看来不能接受？一段让你感到满意的社交关系应该是什么样的？坚持自己的原则和底线，为自己的情绪负责，照顾自己的情绪，而不是一味地牺牲自己的情绪来迁就别人。还记得咱们上次说过的吗？没有人对自己的生活有百分之百的控制，其中也包括别人对我们的看法。

我：我明白你的意思。

肖恩：我的一个小建议，找时间可以站在"墙上的一只飞虫"的角度，平静地回想一下整件事情。问问自己，下次再碰到类似的事情，我可以怎么办？我可以如何坚定地表达自己的原则，拒绝不合理的要求？我可以说些什么、做些什么？这当然不是为了责备自己，而是通过这些"演习"来让我们更好地应对未来的问题。

我：我明白你的意思。对了，我和爸爸妈妈说了上学期的各种经历，包括暴食的事情。

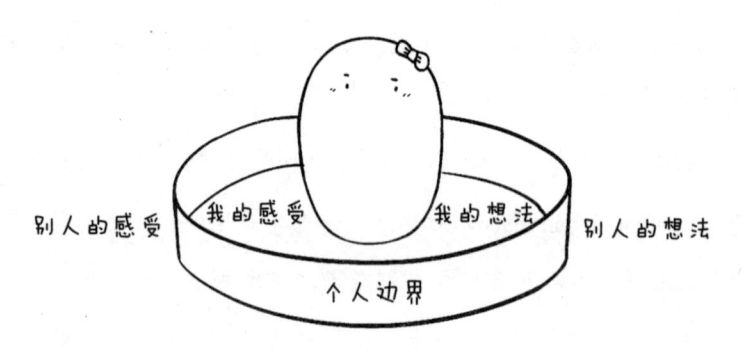

[图示：个人边界示意图，标注"别人的感受"、"我的感受"、"我的想法"、"别人的想法"、"个人边界"]

肖恩：他们有什么反应？

我：说实话，我父母那一辈人可能对于心理问题的了解确实很有限，我甚至并不认为我爸妈完全理解我上学期经历的事情。不过他们非常认真地听我说话，上网查相关的资料，想要了解怎么才能帮助到我，这让我觉得非常感动。他们完全没有高高在上地评论或者指责我，让我感受到了尊重和爱护，更像是一种"归属感"，让我感到很安全。说到平等和尊重，你也从来不会用教导的语气，而是会先理解我的感受，然后再给出具体的建议，我可以说出自己真实的想法而不受到指责或者嘲笑。

肖恩：谢谢你的信任（笑）。我很开心你选择及时寻求帮助，因为在这个问题上沉默不是金，而是最糟糕的一种应对方式。说到这里，我们有一个非常明显的感受：很多亚洲学生即使需要一些帮助也不会主动来这里①，等到他们真的来的时候，往往问题已经比较严重了。你觉得这是为什么呢？

我：可能是因为我们很多时候还是会忽略心理健康，甚至觉得寻求心理咨询师的帮助是一件非常丢人的事情，就好像在说"我是个变态"一样。尤其是一些长辈，这种误解几乎根深蒂固，他们可能会觉得心理问题就是"日子过得太好，吃饱了撑的"。现在年轻人的思想观念已经有了很大的转变，不再觉得心理问题是一件非常"变态"的事情，不过还是会有一些"污名化"存在。比如前段时间有位公众人物的状态不是特别好，于是大家都劝 TA 去看心理医生。这是一件好事，不过我看到留言里大家都小心翼翼的，比如，"不是我骂你哈，不过你可能需要一位心理医生""我真的没有别的意思，不过你可能最近心理有些问题"或者"你别介意啊，不过注意一下心理健康是有好处的"（笑）。所以很多时候我们用的语言还是不经意间透露出对于心理疾病这个事情的误解或者忌讳。

肖恩：是的，你观察的很对。相比之下，我们对于"身体疾病"并不会有类似的价值判断或者误解。我们不会去和一个骨折需要卧床的人说："嘿，哥们儿，我看你就是太矫情，起

---

① American Psychological Association: mental health among Asian Americans[EB/OL]. [2020-11-26]. https://www.apa.org/pi/oema/resources/ethnicity-health/asian-american/article-mental-health.

来活动活动就好了。"如果我们去问一个小孩子，如果手指擦伤了该怎么办，他很可能知道需要创可贴保护伤口，如果严重的话，要去医院及时消毒处理；但是即使我们去问一个成年人，如果心理或者情感上遇到了"擦伤"该怎么处理，他都不一定有一个清晰的答案。我们对于身体和心理上"擦伤"的"急救方式"的认识还是有很大的差距[1]，这是需要我们共同努力的。

我：没错。我真的听到很多人说过："哎呀，你有什么好抑郁的，你就是太不知足了！""开心点儿吧，振作起来，一切都是你想象出来的！""你居然可以一口气吃那么多，有钱真好！"甚至我有一个朋友跟她的男朋友倾诉最近有些抑郁情绪，她的男朋友说："我今天也很抑郁，打游戏连续输了好几

---

[1] WINCH G. Emotional first aid: healing rejection, guilt, failure and other everyday hurts[M]. New York: Penguin Group, 2014.

把。"（笑）我觉得这些评论会让已经深受困扰的人感到更加无助。我上学期就是，一方面我对自己的问题感到极其羞耻，不想让任何人知道；另一方面我又渴望得到理解和帮助，就是那种，"我藏起来了，请看到我"的复杂心情。

肖恩：我理解你的意思。所以我们需要更多的人勇敢地说出他们真实的故事，增进大众的理解。

我：还有一件事，关于男神。我假期里也想了好多，觉得自己现在的心态平和了很多，至少我可以非常平静地说起这件事。即便最后没有得到想要的结果，我也不后悔告诉他我的真实想法；我努力过了，现在可以没有遗憾地开始新生活（笑）。

肖恩：我一直认为诚实地表达自己的真实情感是一件非常需要勇气的事情，不是所有人都可以做到的。还记得我之前跟你提到过的心理学家布琳·布朗吗？布朗博士提出了一个很有意思的概念——"脆弱的力量"（the power of vulnerability）：在这里，"脆弱"是"一种不确定性、一种风险和一种情感上的暴露（tvulnerability is uncertainty, risk, and emotional exposure）"。我们很多时候主动选择规避这种"脆弱"，因为害怕受到伤害、害怕面对不确定性、害怕失望，就回避袒露真实的自我，麻痹自己的真实感情，可是这样也失去了获得真实的快乐、爱、与他人连结、同理心和归属感的机会。举一个最简单的例子：爱。当我们去爱一个人，我们并不确定那个人会不会也爱我们，无法保证这个人会一直存在于我们的生命里，不确定 TA 是否会一直对我们保持忠诚。爱本身就是一种不确定性、一种风险和一种情感上的暴露。确实，当我们真心去爱一个人的时候，我们就有可能受到伤害，不过你可以想象一个没有爱的人生吗？同样的例子还有很多，比如第一次尝试新鲜事物、真诚地道歉、先开口说"我爱你"、主动寻求帮助、承认自己感到恐惧、表达自己可能不受欢迎的观点，或者分享自己不那么完美的经历。我承认这可能不让人感到那么舒服，不过这些"脆弱"也让我们的生活变得多彩[1]。说出"我喜欢你"是一种勇气，接受这种情感也许不是相互的，更是一种勇气。这是真正的力量。

我：确实是这样的，这些情绪让我们成为一个更加真实的人。

肖恩：是的。我还想跟你说，我们总是习惯于用外部的反馈来衡量一段经历，急于把所有和预期不一致的经历都贴上"失败"的标签——比如，接受心理咨询这件事在一些人眼里像是"污点"一般的存在——不过其实并不是所有带来成长的东西都可以量化（Not everything counts can be counted）。我们看待事物的方式是很重要的，所以与其觉得这是一段难以启齿的"失败"经历，不如当作一段成长：你和食物建立了更健康的关

---

[1] BROWN B. Daring greatly: how the courage to be vulnerable transforms the way we live, love, parent, and lead[M]. New York: Gotham Books, 2012.

系，学会了更好地管理情绪，调整了自己看待问题的认知模式，试着建立了一个更为成熟的"个人边界感"；更为重要的是，你应该为自己感到骄傲，因为你比自己想象的还要强大，你不仅可以战胜这些问题，并且从问题中收获了成长。

我：谢谢你，我确实觉得自己这段时间成长了不少。不过有件事情我必须承认，其实我还没有完全摆脱身材焦虑，有时候还是会嫌弃自己——比如那天碰见住在隔壁的女生 S 的时候。

肖恩：我们不需要时时刻刻处于竞争状态，生活不是一场你死我活的斗争——我们都可以很快乐。S 很好不代表你不好，你们是两个独立的个体。至于身材焦虑的问题，我们这学期有一个为期四次的团体咨询（group counseling），主题就是针对身材焦虑的。两位导师会带着5~6位有同样困惑的小伙伴一起探讨这个话题。你有没有兴趣参加？

我：听起来很有意思，我想参加。

肖恩：好的，那么之后导师妮可和梅丽莎会联系你。最后，不知道你有没有听说过一个词叫作"内在的力量"（inner strength），意思是无论遇到什么样的境遇，都有继续前进的勇气和决心。我和很多人聊过他们的故事，也自认为看人非常准确。我想说的是，我在你身上看到了这种"内在的力量"。每个人都会遇到这样那样的问题，有或多或少的不如意。也许有些日子你觉得一切都糟糕透了，也许你不知道该怎么度过这一天、不知道事情会不会好起来；在这种时候，你要做的就是照顾好自己，好好吃饭、好好睡觉、好好锻炼、好好做自己想做的事情，用强大的身心来应对挑战。生活充满不确定性，我们无法完全控制发生的事情，不过我们可以决定用什么样的心态来面对。在外部事物的不断变化中保持自己的节奏，这是一种来自内心的、无可撼动的力量。好啦，唠叨了这么多，最后我还是想祝你一切顺利（笑）。

1月24日 星期二

微信步数：798 / 内心：图书馆也太冷了吧，不过除此之外还不错

因为我真的有在认真写作业

这次公共健康的论文题目是：什么是"健康"？如何看待世界卫生组织给出的关于"健康"的定义（"健康"不仅仅是没有器质上的病变，还包括身体上、心理上和社会层面的完满状态）？我昨天晚上梦到自己在写这篇论文了，然而在梦里的我非要用黄色的蜡笔来写，又没有一根蜡笔写得出来字，于是我花了整整一晚上的时间都在寻找可以用的黄色蜡笔。现在的我在寒冷的图书馆里试图寻找一个最佳的写作业的空间和姿势，顺便修理了一下旁边的咖啡机（还是没修好），共计花费136分钟。

1月25日 星期三

微信步数： 629 ／ 内心：很好，很平静

不能再这么下去了，要动起来！！

  为文章的缓慢进展感到有些烦躁。为了避免自己通过暴食来解压，我决定看一看视频来分散注意力。我打开暴躁主厨戈登·拉姆齐（Gordon Ramsay）的厨艺节目《地狱厨房》，跳过所有的烹饪环节，只看主厨手拍没熟的三文鱼和队员们激情对骂的场面。我必须承认这让我感到放松，重新获得了"内心的平静"。

1月27日 星期五

啊哈，除夕夜！

微信步数： 6970 ／ 内心：呵呵！

  我现在极其想要尖叫着离开这里。今天是除夕夜，在去看学生会组织的春节晚会前，秋言、思睿、我、珊珊以及珊珊的正式男朋友钟楠一起吃饭。我不明白，为什么我就是无法阻止这一切的发生？你的朋友找了一个你非常反感的男朋友，而你还得假笑着看他们秀恩爱的感觉真该死！

  珊珊像往常一样点了恺撒沙拉加鸡胸肉。秋言快言快语道："不至于吧你，今天可是除夕夜，不准备放纵一下自己？""她现在正在减脂呢，晚上只吃沙拉哟。"钟楠抢话道（其实根本没有

人想跟他说话）。"啊——"他接着对刚要伸手拿沙拉酱的珊珊说："宝贝，怎么可以放沙拉酱呢！你知道这里有多少卡路里吗？放了沙拉酱就功亏一篑啦。"珊珊有些尴尬地笑了笑，我对着秋言做出一个"我早就告诉过你——他就是个奇葩"的表情，秋言回过来一个"可我没想到这么奇葩"的表情。

第三部分

"嫌弃身体为什么看起来不是某个特定的样子,还是感谢身体让我们有能力去做那么多精彩的事情?"

6个小伙伴关于"身体"的思考和讨论。

关于身材焦虑的第一次团体咨询

2月2日 星期四

微信步数： 17230 ／ 内心：平静

很好！

（15：30 心理咨询中心）今天是第一次以"身材焦虑"为主题的团体咨询，一共有6个参与者和2位导师。除了我之外，还有一位穿着花裙子的胖胖的女生A，又高又瘦能说会道的法律系女生B，身材中等、学机械物理的女生C，外形出众的女生D，以及身材强壮、戴着时髦眼镜的男生E。原来看起来各不相同的我们都有着相似的困扰。两位导师妮可和梅丽莎都是学校的心理咨询师，专长是身材焦虑和进食障碍/失调性饮食。

简单的介绍过后，我们正式开始了今天的团体咨询。导师梅丽莎说，既然我们的主题是"身体意象"（body image），那我们首先要了解这个术语的含义。一般认为，"身体意象"包含以下这么几个方面[①]：

[①] National Eating Disorders Collaboration: what is body image[EB/OL]. (2021-03)[2021-04-09]. https://www.nedc.com.au/assets/Fact-Sheets/NEDC-Fact-Sheet-Body-Image.pdf.

- 我们如何描述自己的身体（perceptual）？我们对于自己身体的"客观描述"并不一定是客观的。
- 我们如何感受自己的身体（affective）？这与我们对于身体和外貌的满意程度有关。
- 我们如何看待自己的身体（cognitive）？这可能会带来对于身材和体重的过度关注。
- 我们对于身体的行为（behavioral）？如果我们对于身体感到不满，就更有可能出现不健康的行为模式。

导师继续说，当我们意识到自己出现了身材焦虑时，不妨先停下来想一想，我们追求的所谓"完美身材"到底是什么样子的？社会给我们提出了哪些要求？在导师的鼓励下，我们几个在白板上写下了我们追求的所谓"完美身材"的标准：

对女性的要求：
- 全身上下没有一丝赘肉，同时要有奇迹般丰满的胸部和臀部
- 体重要低于健康的区间，同时还要保持身体健康
- 大长腿、细腰（腰臀比0.7）、天鹅颈、天鹅臂、翘臀……
- 大眼睛、高鼻梁、皮肤完全没有瑕疵、长睫毛、完美的牙齿……
- 每天都要打扮精致，注意到每一个小细节，同时要看起

来毫不费力，要"自然"
- 要有肌肉线条，但是不能看起来太过强壮，要"女性化"
- 要性感，但不能暴露，自己把握界限，要不然你就活该
- 生完孩子 10 天之内恢复身材，最好 3 天之内
- 绝对不能老！！绝对不可以！！！
- 要自信，做自己——除非你不符合"完美"的标准；如果是这样的话，那你可要努力了哟

对男性的要求：

- 身高至少 180 厘米，少一厘米都不行
- 要拼命增加肌肉量，同时要看起来毫不费力
- "倒三角形"身材和八块腹肌
- 胸前不能有太多的毛发，但是头顶上的一根都不能少
- 要常年保持完美身材，同时其他事情（比如：学业、事业……）也一样要出色
- 要打扮得讲究，但也不能太讲究——自己把握界限
- 最最重要的一点：绝对不可以让别人知道你对于身材的焦虑！！事实上，你最好不要让别人知道你的任何负面情绪——不然你还是不是个男人？！

看着这些"完美"的标准，导师妮可说："我们写下这些标准之后，相信大家都已经意识到，无论对于男性还是女性，'完美'都是一个不可能实现的目标，这些标准之间存在着巨大的内在冲突。意识到问题是解放问题的第一步，那么现在可不可以请

大家聊一聊,我们为什么会执着于追求所谓的'完美身材'?这种对'完美身材'的追求,又让我们付出过哪些代价?没关系,不用紧张,如果有其他的什么想法,也可以说出来和大家分享。"

片刻的思考之后,阳光帅气的男生 E 第一个发言:"我是一个健身运动员,会参加专业的健美比赛,平时还会兼职健身教练。这么说也许有些奇怪,不过从某种意义上来说,我的身体真的就像是一个'展示品',当我站在台上的时候,任何一点瑕疵都会被放大。我的成绩、排名,甚至是自我价值感很大程度上都来自我的身体。每次比赛前,我都会提前两个月开始进行极其严格的饮食控制,最后几天甚至连水都不会喝,就是为了展示最'完美'的身材。可就像我们刚才说的,'完美'是不存在的,永远都有一个更高的目标在那里,时间长了我开始对高热量食物——巧克力、蛋糕、薯片、冰淇淋——产生极度渴望,会在夜里无法控制地一口气吃下好几千卡路里的食物,然后第二天再通过疯狂的运动来消耗这些热量——有时候甚至可以达到六七个小时。我甚至还尝试过催吐,不过几次都没有成功——所幸没有成功,不然我现在一定还在更黑暗的深渊里挣扎。可能在很多人眼里,'运动'是绝对健康的,是自律的象征,不过当它变成一种强迫性、成瘾性、补偿性的行为时,运动也可能并不利于身心健康。"

"是的，我很理解那种感觉。"外形出众的女生 C 说，"对于所谓'完美身材'的追求让我无时无刻不感到焦虑。我在社交媒体上关注了很多健身博主，经常花很多时间浏览那些'完美身材'的照片，质问自己为什么不能看起来像她们一样——为什么我的手臂还不够紧致，小腹还不够平坦，臀部还不够有力量。我开始觉得所有人都会注意到我的每一点小瑕疵并且加以评判，这让我非常崩溃。当然这或许和我的家庭有关：我的父母一直对我们——我和我姐姐——有非常高的要求，希望我们可以在所有方面都做到最好，我也在内化着这些期待，认为自己必须什么事情都做到完美，否则就没有任何价值——身材当然也不例外。"

接着，女生 D 说道："我感觉，社会上好像永远有种无形的压力——尤其是对于年轻女性而言——让你必须要表达对于自己身材或者外貌的不满，几乎已经成为一种约定俗成的'社交规则'，因为所有人都在这么做。'身材'或者'外貌'是现在聚会中一定会聊到的话题，似乎'身材焦虑'才是正常的，甚至在某种意义上成为一种'上进'的标志，就好像对于自己的身体感到羞耻是一件好事一样。不知道大家是不是也是这样，不过对我来说，越是对身材感到羞耻，就越容易出现失调性进食[①]。"

[①] MUSTAPIC J, MARCINKO D, VARGEK P. Eating behaviors in adolescent girls: the role of body shame and body dissatisfaction[J/OL]. Eating and Weight Disorders：EWD, 2015, 20(3): 329-335 [2020-10-16]. https://doi.org/10.1007/s40519-015-0183-2.
IANNACCONE M, D' OLIMPIO F, CELLA S, et al. Self-esteem, body shame and eating disorder risk in obese and normal weight adolescents: a mediation model[J/OL]. Eating Behaviors, 2016, 21: 80-83 [2020-10-16]. https://doi.org/10.1016/j.eatbeh.2015.12.010.

"没错！因为那种负面情绪会让你无法忍受，觉得自己没有任何价值，于是通过食物来暂时麻痹自己。"女生 A 说，"我从小到大都是班上最胖的女生，也经常听到一些非常不友好的声音，甚至中学的时候还有几个男生经常拿我开玩笑。'在公共场合吃东西'对我来说永远都是一件充满挣扎的事情。只要我在吃'不对'的东西，任何'不对'的东西，总会有陌生人毫不掩饰地露出嫌弃的表情。可能很多人觉得'身材羞辱'是在帮助'叫醒'我们，事实上这只会让我们感到抑郁、焦虑，然后出现一些自我伤害的行为——比如暴饮暴食[1]。我曾经听到一个博主说，肥胖是不健康的，所以即使是冒着进食障碍的风险减下来也是值得的。问题在于，肥胖很多时候本身就来源于一个和食物不够健康的关系，比如暴食症，我相信绝大部分和我一样的人已经尝试过各种各样的节食计划，然而这些过于严苛的节食计划会进一步破坏我们和食物的关系，导致进食和体重的问题更加严重。说真的，进食障碍不只有厌食症一种，而且厌食症是致死率最高的心理疾病。"

大家都点点头，表示赞同。高高瘦瘦的女生 B 说："其实很多时候我都是人群中比较瘦的那个，这让我总是收获羡慕的声

---

[1] SCHVEY N A, ROBERTO C A, WHITE M A. Clinical correlates of the weight bias internalization scale in overweight adults with binge and purge behaviors[J/OL]. Advances in Eating Disorders, 2013, 1(3): 213-223[2020-10-15]. https://doi.org/10.1080/21662630.2013.794523.
PUHL R M, HEUER C A. Obesity stigma: important considerations for public health[J/OL]. American Journal of Public Health, 2010, 100(6): 1019-1028 [2020-10-15]. https://doi.org/10.2105/AJPH.2009.159491.
CHENG M Y, WANG S M, LAM Y Y, et al. The relationships between weight bias, perceived weight stigma, eating behavior, and psychological distress among undergraduate students in Hong Kong[J/OL]. The Journal of Nervous and Mental Disease, 2018, 206(9): 705-710 [2020-10-15]. https://doi.org/10.1097/NMD.0000000000000869.

音,即使这其实是因为我有天生的Ⅰ型糖尿病。为了保持住'瘦'这个优势,我甚至可以去做一些非常危险的事情;我害怕自己长胖以后,就会失去现在拥有的一切。"

大家都发言过后,导师妮可温和地说:"刚才大家的发言中提到了非常重要的一点,那就是很多时候我们以'健康'为名义,不过事实上追求的并不是健康。这就是'以瘦为美'(thin-ideal)和'以健康为美'(healthy-ideal)的区别:'以瘦为美'要求我们用一切方式——即使是极端的、不健康的方式——试图达到和维持一个低于健康区间的体重,而'以健康为美'则是鼓励我们追求健康、力量与合适的肌肉和脂肪含量,以及一个和身体良好的关系[1]。大家有没有想过,这些所谓'完美身材'的标准是从哪里来的呢?"

女生 C 说:"我觉得社交媒体是个很重要的因素,还有各种时尚杂志、瘦身产品的广告等等。"

女生 A 说:"还有来自身边的人,甚至是陌生人的评论。"

女生 D 说:"我们生活在这样的大环境中,逐渐开始内化这些'瘦就是好'的观念,甚至开始无意识地传播这种信息,成为大环境的一部分。"

---

[1] STICE E, SHAW H, ROHDE P. Body acceptance class manual: enhanced-dissonance version[EB/OL]. [2020-10-29].http://www.bodyprojectsupport.org/assets/pdf/materials/bodyproject4sessionscriptandhandouts.pdf.

"大家说的都很对。"导师梅丽莎说,"现在我给大家念几个数据:

- 与阅读新闻杂志相比,阅读时尚杂志让年轻女性渴望更轻的体重、对自己的身体更加不满意、花更多的精力在体重和身材上、更加恐惧体重的上升[1]。
- 在过去的 20 年中,基本上所有时尚杂志中的图片都会进行处理,目的是更加贴近"完美身材"[2]。这些"完美身材"的图片让我们更容易产生外貌焦虑[3]。
- 20 年前,模特的平均体重比大众平均值轻 8%;现在这个数据是 23%。
- 超过三分之一的节食会发展为病态节食(pathological dieting),其中 20%~25%发展为进食障碍[4]。

"就像我们刚才说的,'完美身材'是难以实现的,我们没有办法赢得这样一场从一开始就漏洞百出的竞赛,因为那里永远都会有一个更高的标准,让我们陷入更多的负面情绪。唯一的赢家只有那些可以从'身材焦虑'中获取经济利益的行业——我们越焦

---

[1] TURNER S L, HAMILTON H, JACOBS M, et al. The influence of fashion magazines on the body image satisfaction of college women: an exploratory analysis[J/OL]. Adolescence, 1997, 32(127): 603-614 [2020-08-18].
[2] GUEST E. Photo editing: enhancing social media images to reflect appearance ideals[J/OL]. Journal of Aesthetic Nursing, 2016, 5(9): 444-446 [2020-08-18]. https://doi.org/10.12968/joan.2016.5.9.444.
[3] FERNANDEZ S, PRITCHARD M. Relationships between self-esteem, media influence and drive for thinness[J/OL]. Eating Behaviors, 2012, 13(4): 321-325 [2020-08-18]. https://doi.org/10.1016/j.eatbeh.2012.05.00.
[4] National Eating Disorders Association: fact sheets on eating disorders[EB/OL].(2010-07) [2020-08-18]. https://www.pattymohlercounseling.com/wp-content/uploads/2012/09/NEDA.pdf.

虑，就越有可能消费这些行业的产品试图'修正'自己。最后的结果是我们陷入自我厌恶——甚至是进食障碍、抑郁、焦虑等等——而这些裹挟着消费主义的行业赚得盆满钵满。在这样崇尚自我批判和永远追求'更好'的大环境中，学会发现自己的闪光点、学会欣赏自己是非常重要的。"导师妮可继续说，"这周给你们一个小任务，请你们找一面全身镜，在镜子里**不加批判**地看看真实的自己——不要用厚重的衣服和粉底液把真实的自己隐藏起来——写出10个喜欢自己的地方，其中至少有几项是和外貌有关的。我知道现在你们中间肯定有人在想'那我下周不来了'（笑），我理解这听起来很难，不过希望你们可以试着迈出第一步。"

2月4日　星期六

微信步数： 9470　　/　内心：哈

（12：20）为自己缺失的方向感感到无语。今天我们在珊珊的房间聚餐，因为那层的洗手间里有一股刺鼻的呕吐物的味道，我在找地下一层洗手间的路上差点迷路，转了20分钟才转出来。等我到房间的时候姐妹们已经开始点餐了，珊珊坚持说自己不饿，不需要吃午饭。秋言见状，说道："是不是你男朋友让你减肥的？我跟你说，男人这种生物啊，你不可以表现出对他言听计从——任何时候都不可以！这样他会对你失去兴趣的。我绝对不会让我们家大猪蹄子觉得我什么都会听他的，即使他是对的，我也会说，让我回去考虑一下吧。"

"没有，我是真的不饿，你们快吃吧。"珊珊坚持道。

（20：00）刚刚做了一件让我自己都难以置信却又心中窃喜的事情：在秋言的起哄下，我和母胎单身的思睿一起注册了约会软件的账号。这个约会软件的规则是：看到对方的照片和简介，如果喜欢的话就"右滑"，不喜欢的话则"左滑"，如果两个人互相"右滑"，则成功配对，就可以开始聊天了。刚开始的时候，你可以看到有多少人"右滑"你，不过一旦超过一定数量，你就需要花钱升级成为会员才能看到具体的数字。这是一个消费主义的陷阱，我是不会上当的。

（20：30）不过，好像也不需要特别多的钱……

（20：40）不行，不能为了满足虚荣心而掉入消费主义的陷阱。

（21：00）多少钱都不行，这根本不是钱的问题。

（21：10）没错，就是这样。

（21：20）我是一个新时代的独立女性，我根本不关心来自雄性的肯定。

（22：00）没错，就是这样。

（22：30）~~不过了解一下周围都有哪些人在用这些都不重要，我只需要做好自己。~~

2月5日　星期日

微信步数： 6103　/　内心：真是搞不懂

和第一个在约会软件上面匹配的男生 Q 进行了一段莫名其妙的对话：

Q：嘿！你好呀！看你的照片，我觉得你应该有糖尿病。

我：？为什么呀？

Q：因为你笑得很甜呀！

我：……谢谢？

Q：不客气，我是认真的。咱们要不要玩个游戏，互相了解一下？

我：可以呀。什么游戏？

Q：一个叫作"你愿意……还是……"的游戏。我会问你愿意选择A还是B，然后你告诉我你的偏好。我先来：你愿意吃有菠萝的比萨，还是根本不吃比萨？

> 我
>
> 有菠萝的比萨吧，只要上面有芝士我就很开心。

> Q
>
> 哈哈我也是！那下一个问题：你愿意选择一个身高180+厘米，但是长相丑陋、气质猥琐的男生，还是一个稍微矮一点，但是长相气质俱佳还有六块腹肌的型男？

> 我
>
> 这么说的话，那应该是矮个子的型男吧？

> Q
>
> 这是个非常正确的选择！希望所有人都可以跟你一样明智。下一个问题：你愿意选择和这个高个子的丑男约会，还是愿意和这个矮个子的型男共度良宵？

> 我
>
> 那应该是和高个子的丑男约会吧。毕竟只是约会，闭着眼睛忍一忍就过去啦。

> Q
>
> ……那这还真是个非常有意思的选择。

之后 Q 取消了和我的匹配。脱单进程：返回原点。

2月6日　星期一　第四周

微信步数：　9807　/　内心：平静

我真是搞不懂，为什么明知道这个礼拜有两个考试和三个作业，我仍然浪费掉了一整个周末。于是我花3个小时，追随"高效能人士的7个习惯"，根据事情的轻重缓急制订了以下计划：

重要而紧急的任务：	重要而不紧急的任务：
• 找到男朋友 • 复习认知心理学的考试，记住所有课上涉及的实验，不要打瞌睡 • 复习临床心理学的考试，记住所有的知识点，注意细节，不要打瞌睡 • 整理社会心理学的笔记，完成作业 • 完成公共健康127页的阅读，为下礼拜的论文做准备 • 找到男朋友 • 停止把时间浪费在没有意义的事情上，比如将曲别针按颜色分类 • 停止通过阅读一本叫作《如何克服拖延症》的书来拖延复习考试	• 找到男朋友 • 洗衣服（不要忘记拿出来） • 找到一种平衡的生活方式，让自己感到前所未有的快乐，拥有"内心的平静" • 搞清楚"有机食品"到底是个什么意思，以及为什么Whole Foods的东西这么贵 • 取消关注所有"你的同龄人已经年薪百万，而你还在图书馆拖延"的公众号——谁让你们偷窥我的生活?!
紧急而不重要的任务：	既不重要又不紧急的任务：
• 上厕所 • 搞清楚为什么有人会在图书馆吃爆米花，而且听起来如此肆无忌惮 • 刷约会软件	• 将房间里所有的袜子配对 • 然后把配不上对的藏起来

2月7日　星期二
微信步数： 13087　/　**内心：** 呵呵

（09：40）今天是认知心理学的考试。考试前教授跟大家说这次的考试不难，只是先让大家熟悉一下这门课的考核形式。我真的信了。事实证明，是我太年轻。80多页教科书中提到的所有实验都有涉及，课上重点分析的实验都需要记住实验者姓名、实验年份、实验目的、实验步骤、实验结论以及结论的局限性。每当需要高度集中的时候，大脑总会响起熟悉的旋律："该配合你演出的我演视而不见……"交完卷子以后，大家叫苦不迭。我想，其实教授也没说错；就像咖啡店有"中杯、大杯、超大杯"的错位分类一样，教授眼中的考试难度大概分为"特别简单、简单、今天回家好好睡一觉吧"。

（20：00）约会软件不停地提醒我又有人"右滑"了我。不过同样的，如果我想知道具体细节的话，就必须花钱升级成为会员。面对商家利用虚荣心和好奇心制造的消费陷阱，我依然不为所动，对这种小伎俩感到不屑一顾。

（21：00）没错，就是这样。

关于身材焦虑的第二次团体咨询

2月9日　星期四

微信步数：5608　／　内心：平静

（15：00 心理咨询中心）今天是针对"身材焦虑"的第二次团体咨询。首先，我们依次分享了上次的小作业，10 个喜欢自己的地方。我写的是：

- 我的眼睛很好看，尤其是笑起来的时候
- 笑的时候有两个小酒窝
- 我很有力量
- 我的脚很好看
- 发量（目前）正常
- 我对待朋友很真诚
- 我遇到问题会积极地想办法解决，不会怨天尤人
- 我很努力、很上进
- 我的观察力很强，可以注意到一些别人注意不到的细节
- 我一直在努力尝试挑战自己

说实话，当着这么多人的面念出这些的时候，我突然又感到一阵不自在，好像背后有什么东西在看着我、嘲笑我、跟我说："就你也配？"我不由自主地降低了音量。导师妮可似乎看出了我

的心思,对我说:"梦曦,你说得非常棒,应该为自己感到骄傲。我知道这很难,我完全理解你现在的感觉,不过可不可以请你大声一点,再说一遍?自信一点,我们完全同意你刚才说的话,只是想听你更加自信地说出来。"在我努力大声地念了一遍之后,导师梅丽莎微笑着说:"我知道这个任务对大家来说都非常有挑战性。我想在座的各位可能很多都是对自己要求非常严格的完美主义者,我们已经习惯了不断地给自己挑毛病、不断提出更高的要求,大声地说出自己的闪光点竟成了一件困难甚至让人感到难堪的事情。我非常开心大家都完成了这个挑战。之前我还在跟妮可说,我们注意到你们每个人身上都有很多闪光点,多希望你们自己也可以意识到。既然我们要和自己的身体相处一生,那不如就学着温柔地对待身体。

照镜子新手指南

认为自己比实际要胖…

✗

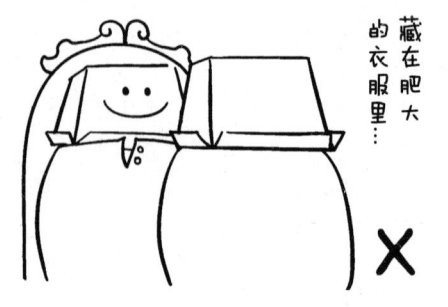

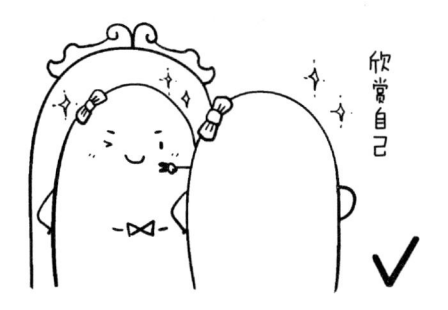

"现在可不可以请大家聊一聊,为什么我们会对身体感到如此焦虑?"

外形出众的女生 C 说:"我跟心理咨询师聊过很多次这个问题。我的父母一直采取那种'专制型'教育方式(authoritarian parenting),对我们的要求非常高。说实话,我很少体会到那种家庭的温暖,更多的是一套严格的奖罚制度,而我的姐姐恰恰又是学校里的'明星学生',几乎得到了父母全部的关注。'控制身体'或许是我证明自己、取悦父母的方式,证明自己也是一个'好女孩',也值得爱与关注。"

气氛变得有些沉重,沉默了片刻之后,阳光帅气的男生 E 第二个发言:"我是一个运动员,平时训练和竞赛的强度非常大,再加上这个学校里无处不在的学业和社交压力,让我经常有一种生活在失控的感觉。对于体重近乎严苛的控制是我唯一获得'掌控感'的方式。每次我的学业、训练和比赛成绩,或者人际关系碰到问题,我都会下意识地觉得那是因为我的身体不够完美;好像只要我控制了身体，就可以控制生活。"

听到 D 的话，其他人都点点头，表示理解。女生 A 说："当你肥胖的时候，你其实每时每刻都会意识到这个事实——周围的人也会不断地提醒着你。我害怕在公共场合吃东西，买衣服的时候总是小心翼翼地确认尺码才敢拿去试穿，当电梯快满了的时候，我绝对不会再踏进去——即使那里看起来还有足够的空间。不过最让我感到焦虑的一件事是，我是一个大四的医学预科的学生，马上要去读医学院，成为一个'肥胖'的医生。每次我跟别人提起未来计划，总会得到一幅难以置信的表情：因为在人们眼里，'医生'代表着勤奋、自律、严谨，而'肥胖'则意味着懒惰、贪婪、滑稽。说真的，造成肥胖的因素真的很复杂，绝不仅仅是'缺乏意志力'。我的意思是，我可以在'有机化学'这门课上拿到 A，可是不管我怎么努力，体重都还是会回到现在的水平。"

女生 B 说："有很长一段时间我都坚持认为，瘦是我唯一的优点，是别人喜欢我的唯一理由——尤其是在我高中转到一个充满竞争的私立学校之后。我觉得自己什么都不如别人，'瘦'是我唯一拿得出手的东西，甚至成为'自我认知'中最重要的一部分——如果没有'瘦'，我还是谁？我对身体感到极度焦虑，因为我害怕长胖会让我失去一切在意的东西。"

"或者你会忍不住地想，如果我再瘦一点，再瘦一点，生活会不会变得更好？"女生 D 说，"其实我对自己现在生活还是很满意的。我和父母的关系融洽,有一个稳定的男朋友,在这么好的学校里学自己喜欢的东西——我很感激这一切。不过我经常还是会忍不住地想,如果我有一个'完美身材',生活会不会更加顺利?我会不会更加快乐?看到社交媒体上那些'完美身材'的模特,我总是会感到非常羡慕,觉得她们的生活一定比我精彩很多,即使我并没有对自己的生活感到不满。"

"大家的发言中有一个很普遍的规律,"导师妮可说,"那就是过分地放大'体重'或者'身材'的重要性(overvaluation of weight and shape),认为只要体重达到某个数字,或者身材看起来是某个特定的样子,那么生活就会尽在我们掌控之中,一切都会变得非常完美。我们总是在社交媒体或者各种宣传广告中看到这样的信息,不过现在让我们停下来思考一下,'检查一下证据'(examine the evidence)——事实真的是这样的吗?"

大家思考了片刻,都摇了摇头。男生 E 说:"对于身体的过度关注实际上分散了我很多本该花在学习和社交上的精力,也在一点点消耗我原本对于运动那种纯粹的热爱,而不是像我想象的那样,帮助我掌控生活。""是的,而且每次快要接近目标的时候,我都会给自己制定一个更高的目标。感觉身体就像一个战场,把自己所有对于'不完美'的恐惧都投射到了身材上。"女生 C 说。

"我曾经疯狂节食,有一次整整 3 天没有吃任何东西。那时候我比现在瘦很多，我固执地认为只要回到当时的体重，我就会非常快乐——和社交媒体上那些健身博主一样。可是我的男朋友一直告诉我，当时的我一点儿都不快乐，因为过度节食而脾气暴躁，一幅对什么事情都不感兴趣的样子，也因为缺少营养而有点面黄肌瘦。确实那时候我的状态一点都不好，可我却总想回到那个时候。""其实我一直想说，很多健身博主也会经历一样的身材焦虑——甚至比普通人还要严重。"女生 C 有些不好意思地笑了一下，说，"因为我也是其中之一。"

"是的，在很多因素的助推下，我们夸大了'身材'带来的价值，以为瘦就是健康、瘦就是成功、瘦就是快乐、瘦就是一切。不过就像刚才大家所说的那样，我们对于那些不切实际的目标的追求有时候反而让我们失去健康和快乐。这周给大家一个小任务：尝试换一个角度来看待我们的身体。大家有没有发现，我们在谈论自己的身体的时候，很多时候都是以'看'作为导向的：我的手臂够不够纤细，我的小腹够不够平坦，我的锁骨够不够清晰，然而我们却很少注意到自己的身体都有能力做些什么。所以，这周请大家试着停止对于身体'视觉价值'的批判，仔细感受身体的力量，列出 5 个你的身体让你有能力去做的事情，换一个角度来看待我们的身体。"

2月10日　星期五

微信步数： 12076　/　内心：嘻嘻！

  感到窃喜，原来不止我一个人对于在约会软件上收获了多少"右滑"有无法遏制的好奇。思睿刚刚打来电话，告诉我这个事情如何让她日思夜想了整整3天："亲爱的，我知道这是一个消费主义的陷阱，不过我真的太好奇了，难道你不好奇吗？"

  "哦，你不说我都没注意到还有这种操作。"我一本正经地说。

2月11日　星期六

微信步数： 14795　/　内心：平静

  （12：30）今天在思睿的房间里进行"闭门会议"。珊珊穿了一件肥大的帽衫，显得格外瘦小，在我们的劝说下仍然只点了一盘鸡胸肉沙拉。"姐妹，你这样可不行啊！"秋言说，"就算真的想减肥，也不能吃这么少吧！多吃点，待会儿咱们一起去运动不就完啦。"

  "不是啦，我早上吃了特别多，现在一点都不饿，不过一起去运动倒是可以的。"珊珊继续说，"哦，对啦，我跟你们说啊，那天我爸妈突然给我打视频电话，当时我正在钟楠房间呢，差一点就让他们发现啦——真是惊险一刻。"

"等等,"思睿问,"你的意思是,你爸妈还不知道你有男朋友的事情?"

"当然不知道。他们就让我大学期间好好学习,然后找一个好工作,要在正确的时间做正确的事情。"

"我跟你说,"思睿评论道,"几年之后,他们会突然要求你在五分钟之内结婚生子。说真的,女性所谓的'适婚年纪'也太短了吧,你必须在这五分钟之内非常精准地、没有任何偏差地找到那个人,不然就等着周围的亲戚轮番上阵吧。"

"所以说嘛,在这个问题上,男生真是太爽啦。我跟你们说啊,我要是个男的,我肯定玩到 40 岁,然后找一个 20 岁的小姑娘。"秋言一脸陶醉地说,"那句话怎么说的来着?在我年轻而不负责任的日子里,我年轻而不负责任。"

"姐妹,你醒醒!"思睿伸手拍了拍秋言。

2月12日 星期日

微信步数: 3795 / 内心:是手机先动的手!

(22:30 床上)躺在床上玩手机的时候突然意识到,我之所以总是躺在床上看手机,最直接的原因就是手机的充电线太长,可以一边在床头充着电,一边很轻易地拉到我的眼前。所以解决

"睡前玩手机综合征"最简单的办法就是把手机充电线换成短的。

（22：35）说干就干。

（23：00）现在趴在地上玩手机。

2月14日 星期二
普通的一天

微信步数：　11638　/　内心：……

> 今天只是普通的一天，没有任何特殊意义。

今天严格执行"不看、不听、不说、不想、不在意"的"五个不"原则。说真的，单身其实也挺好的。

比自律更能带来自由。

2月15日 星期三

微信步数：　9420　/　内心：平静

思来想去，我决定用知识的力量来解决情感问题。于是我给自己制订了以下书单：

* 必读书目：

《男人这东西》

《男人来自火星，女人来自金星》

《男人到底在想什么？》

《读懂男人——他到底在想什么？》

《"你根本不懂我在说什么" ——男人和女人的对话》

《1000 个男人的自白：什么让他们陷入爱河……

　　或者再也不回复你的消息》

《那些男人不会告诉你的事情》

《男人这个谜团：傻瓜都能看懂的导航》

《为什么男人会爱 B**？》

《为什么男人会娶 B**？》

《愤怒的男人，消极的男人》

《男人的脑子都是些什么东西？》

《男人就像华夫饼，女人就像意大利面》

《男人是蛤蜊，女人是铁锹》

* 选读书目：

《如何单身（并且感到快乐）》

《独自一人：独居的崛起和令人感到惊讶的吸引力》

《单身生活令人意想不到的快乐》

~~《如何孤独终老》~~

《~~如何与 72 只猫一起孤独终老~~》

《独居的艺术：如何爱上独居》

《如何拥有一整个房间？》

《如何单身　保持理智》

《单身人士的 21 世纪生存指南》

关于身材焦虑的第三次团体咨询

2月16日　星期四

微信步数：　10739　／　内心的平静：有些纠结

（15：30 心理咨询中心）今天是第三次团体咨询。和上次一样，我们首先依次分享了小任务——5个"我的身体给予我能力去做的事情"。我写的是：

- 我的身体让我可以自由行动，去想去的地方
- 我的身体让我可以从温暖的被窝中爬起来（虽然我有时候并不想这么做），去实现理想
- 我的身体让我可以拥抱最爱的人们
- 我的身体让我可以开怀大笑
- 我的身体让我可以消化掉食物并且转化为可以抵抗饥荒、寒冬的脂肪，这是多么伟大的工程

大家发出一阵笑声。在每个人都分享过后，导师妮可说："很多时候我们过于关注身体的所谓'视觉价值'，不自觉地将自己的身体当作一件接受观赏、评判的物品，甚至允许对这个'物品'的评分来影响我们一整天的心情。这个小任务是让我们停下来，观察、欣赏身体的'功能价值'，感谢身体让我们有能力去做那么多美好的事情，而不是嫌弃它为什么看起来不是某个特定

的样子。"

不好看
不好看
不好看

开怀大笑

爱的抱抱
随意扭动
撒腿就跑

导师梅丽莎继续说："我们这个针对身材焦虑的咨询主要分为'认知'（cognitive）和'行为'（behavioral）两个部分，之前我们一直在从认知的角度探讨，现在让我们一起来看看关于行为的问题。可不可以请大家说说，你注意到平时有哪些和'身材焦虑'有关的行为，这些行为又给你带来了哪些影响？"

女生A说："我其实感到有些不好意思，不过我知道大家肯定不会嘲笑我——我曾经尝试减肥20多次，每一次都以失败告终，甚至试图减肥后的体重还会超过起始体重。刚开始的时候体重总会快速下降，直到我因为过度限制而对食物产生巨大的渴望——而且很多研究也显示，这个过程中你的基础代谢会随着下降，这让减重甚至只是维持体重变得更加困难。我的心理状态也越来越糟糕，觉得自己毫无希望，甚至会刻意回避运动（exercise avoidance）[1]——因为我厌恶自己的身体，担心遭到周围人的嘲笑。"

女生 B 说："我很小的时候就确诊为 I 型糖尿病，这个病需要注射胰岛素来控制血糖；大家都知道，胰岛素会让人体重增加。我极度害怕长胖，好像控制体重比身体的正常运转还要重要一样，于是我好几次故意不听医生的指示，偷偷减少了胰岛素的注射量，就仅仅是出于对体重增加的恐惧——这是非常危险的行为，现在想想仍然感到后怕，然而当时的我竟然因为暂时控制住了体重而非常开心。我最近意识到我并不是一个人，类似的行为叫作'糖尿病相关暴食症'（Dia-bulimia）[2]。"

听到 B 说的话，大家难以置信地摇摇头，感到很难受。沉默片刻之后，女生 D 继续说："我每天早上都会花很多时间来选衣服，真的几乎把衣柜里所有的衣服都试一遍，也要花很多时间来化妆。其实这些行为本身并没有什么，不过我的出发点并不是'如何让自己看起来更美'，而是'如何不让别人发现我是如此无法忍受的丑陋'，有时甚至会因为觉得穿什么都不好看而崩溃

---

[1] VARTANIAN L R, NOVAK S A. Internalized societal attitudes moderate the impact of weight stigma on avoidance of exercise[J/OL]. Obesity, 2011, 19: 757-762 [2021-03-26]. https://doi.org/10.1038/oby.2010.234.

[2] National Eating Disorders Association: Diabulimia[EB/OL]. [2020-09-15]. https://www.nationaleatingdisorders.org/diabulimia-5.
GOEBEL-FABBRI A E. Diabetes and eating disorders[J/OL]. Journal of Diabetes Science and Technology, 2008, 2(3): 530-532 [2020-09-15]. https://doi.org/10.1177/193229680800200326.尽管研究证明 I 型糖尿病患者同时患有进食障碍的风险高于非糖尿病人群，"糖尿病相关暴食症"（Dia-bulimia）还不是一个正式的 DSM-5 诊断标准。

大哭。我本可以把这些时间和精力都放到学习、社交、休息上去的。"

女生 C 说:"我觉得自己一直非常推崇的'健康饮食'现在已经开始慢慢控制我的生活。我开始非黑即白地把所有食物分为'好'和'坏',并且只允许自己吃'好'的食物;任何'坏'的食物都会让我产生难以忍受的自责和自我厌恶。我完全不碰精制碳水化合物,不吃乳制品,所有的食物都必须是有机的。我还会轻断食,对于各种'排毒食谱'了如指掌。我规定自己一周至少健身 6 次,几乎到了'强迫性运动'(compulsive exercise)[①]的地步,有一次我为了达成目标,下着暴雨也还要走路去健身房。我有时会为了'健康饮食'而回避社交,因为与朋友们的活动通常都会包括食物,而且往往是一些'坏'的食物。记得去年我最好的朋友过生日,我从生日聚会的几天前就开始焦虑,如果我不得不吃蛋糕怎么办?我如何才能躲过这个巨大的'灾难'?然后在生日派对上,大家都玩得很开心,也吃了很多好吃的,而我却一直在想,我可不能吃那么糟糕的东西——怎么会有人愿意吃这么'坏'的食物?其实'健康饮食'发展到这个地步,就已经不再健康。我也是最近才意识到这种对于'健康饮食'不健康的执念叫作'健康饮食痴迷症'(Orthorexia/Orthorexia Nervo-

---

[①] LICHTENSTEIN M B, HINZE C J, EMBORG B, et al. Compulsive exercise: links, risks and challenges faced[J/OL]. Psychology Research and Behavior Management, 2017, 10: 85-95 [2020-10-29]. https://doi.org/10.2147/PRBM.S113093.

sa），临床心理学界开始有越来越多关于这个问题的讨论①。

"我理解，我也有过类似的经历。"男生 E 说，"所以我一直觉得，对于一些人来说，'减肥'这个概念已经超越了营养学或者运动学的范畴，变成了心理学或者公共健康的问题。我们这些看似不合逻辑的行为背后深层次的原因是什么？怎么解决这些深层次的问题？"

微笑着听完我们每个人的发言之后，导师梅丽莎说："谢谢大家愿意分享这些，认识问题是解决问题的第一步。这个星期我想邀请大家参与一个'行为挑战'②：在我们下次见面之前，请你们挑战某一个和'身材焦虑'有关的行为，并且记录下自己的感受。在心理学里，'回避'从来都不是缓解焦虑的方式；事实上，'回避'恰恰是维持焦虑（症）的一个重要环节，因为这会让我们在脑海中放大特定情景的'危险性'，同时低估自己应对的能力。所以，请大家试着去做那些令你们感到焦虑的事情，看看到底有没有想象中的那么可怕。"

（17：00 宿舍）现在的心情非常复杂。团体咨询结束之后从学生健康中心往宿舍走，刚一出门就碰到珊珊和钟楠在附近闲

---

① National Eating Disorders Associations: Orthorexia[EB/OL]. [2020-10-28]. https://www.nationaleatingdisorders.org/learn/by-eating-disorder/other/orthorexia.
② STICE E, SHAW H, ROHDE P. Body acceptance class manual: enhanced-dissonance version[EB/OL]. [2020-10-29]. http://www.bodyprojectsupport.org/assets/pdf/materials/bodyproject4sessionscriptandhandouts.pdf.

逛。看到他们，我的心跳突然加速，大脑一片空白，不知道该说些什么。我本来打算低着头走过去，结果珊珊很大声地跟我打招呼："梦曦！这个时间你居然不在图书馆。你刚才干吗去啦？"心跳继续加速，我犹豫了一下，说："啊……我刚才……刚才一个同学把脚崴了，我送他来医务室。"现在躺在床上回想刚才的场景，思考自己为什么几乎下意识地选择对好朋友隐瞒，为什么不愿意说实话。是怕他们担心，还是怕他们不理解？或者是怕他们觉得我"有问题"，然后议论我疏远我？我也不知道这是为什么，只觉得脑子有点乱。

2月17日　星期五

微信步数：　10398　/　**内心：**呵

刚刚在约会软件上面配对的男生问我，你是学心理学的，那你说说我现在在想些什么。又是这个问题。为什么所有人都觉得心理学是读心术？我要是知道男生都在想什么，还会单身到现在？

2月18日　星期六

微信步数： 9670　/　内心：有些非常低落

　　（12：30 珊珊的房间）今天的"闭门会议"并不那么让人感到开心，不仅仅是因为菠萝出现在比萨上面。思睿无意中提到，教学楼一层的洗手间里总是有人催吐："你们看到没有，教学楼一层的那个洗手间里贴了一张纸，上面写着：亲爱的女孩，催吐是一种极其危害身心健康的行为，会引发各种严重的问题。学校一直在提供相关的心理辅导，希望你（们）可以及时寻求帮助；我们都在支持着你，你不是一个人在战斗。"

　　"是的，我也看到那个啦，"秋言说，"而且这层宿舍楼的洗手间里有时候也能闻到呕吐物的味道，真的恶心。完全搞不懂这些人在想什么，这么做很有意思吗？很开心吗？脑子不够用真的很可怕。"

　　我感到全身的血都在往头顶上冲，想要反驳秋言，说催吐当然百害无一利，不过进食障碍并不是一个"自主选择"，而是一种需要引起足够重视的心理问题。还没等我开口，正在把炸鸡排外面包裹着的油炸层切掉的珊珊小声说道："我听说很多催吐的人并不是故意想要这么做的，这好像是一种挺严重的心理问题。当然我也不懂，都是听别人说的。"

　　"我仍然不能理解，"思睿耸了一下肩，继续发表自己的观点，"说到底啊，还是能够靠自律运动瘦身的人太少。管不住嘴又迈不开腿,还想瘦,只好寻找捷径去催吐。"

有那么一瞬间我几乎就要哭出来,冷静下来以后我却再一次选择了沉默——即使是在最好的朋友面前。我也不知道这到底是为什么。

2月21日 星期二

微信步数： 15789 ／ 内心：仍然感到低落

最近总是在不希望的场合里遇到不希望遇到的人,并开启不希望的话题。今天在图书馆奋战了一整天,刚刚在去瑜伽课的路上遇到了钟楠——那个无处不在的钟楠——他对着我说:"嘿!梦曦!好几天不见,想我没有?"我假笑了一下,没搭理他,他继续说:"不开玩笑,你还真的瘦啦,尤其是跟上学期比,下巴小了——两个下巴都小了,哇哈哈哈哈哈。"我在心里白了他一眼,还是没有说话。钟楠继续一个人喃喃自语:"看来做瑜伽还是很有好处的。下次你叫上珊珊一起,别老让她在房间里待着,一闲下来就容易吃东西。"看着他说话的那个样子,我终于下决心怼他几句:"你呀,管好自己就行。珊珊是来上学的,不是来参加《超级减肥王》的。"

关于身材焦虑的第四次团体咨询

2月23日　星期四

微信步数： 6028　／　内心：陷入思考

（15：30 心理咨询中心）今天是第四次团体咨询，也是最后一次。首先，导师妮可让大家聊一聊这一周都针对"身材焦虑"进行了哪些"行为挑战"。女生 B 说："我这个星期最大的改变就是停止每天早上对着镜子跟自己说'你可真丑'。这可能听起来是一个很小的改变，不过效果却是很明显的，我发现自我暗示是一种非常强大的力量。我现在还做不到夸奖自己，不过可以慢慢来。"

"我的'行为挑战'是停止每天称体重，甚至是每天称好几次体重。过去的我每隔几个小时就要称一次体重，而且那个数字完完全全牵动着我的神经，如果上涨了一点就焦虑到不行。不过人的体重就是有自然波动的，所以我这个星期干脆把秤收起来，尝试着不称体重，然后体会到了一种前所未有的自由，感觉我可以真正地去生活，而不是整天为一个数字所困。说实话，刚开始我非常忐忑不安，害怕就此彻底放纵自己，不过我发现其实并没有——不再纠结那个数字让我的情绪更加稳定，反而更不容易出现情绪性过度进食（emotional overeating）的情况。"女生 A 说，明显非常开心。

"我取消关注了很多宣传'以瘦为美'的博主，并且减少使用社交媒体的时间。至少对于我来说，社交媒体是很多自我厌恶的来源，我会不停地拿自己和所有人比较，似乎所有人的生活都比我精彩。我现在意识到自己完全没有必要这么做，对于这种徒生烦恼的事情'取消关注'其实是很重要的。"

"我试着放宽'进食规则'，开始允许自己享受更多种类的食物，也允许自己因为特殊情况而偶尔不去运动。我刚开始很焦虑，担心自己会就此'堕落'下去，不过就像刚才A说的那样，这种更加放松、平衡的生活方式让我感受到了前所未有的自由，心理和情绪状态也开始变好。我现在觉得吧，'健康饮食'和运动的意义在于帮助我们更好地生活，而不是控制我们的整个生活。"

大家都点了点头，表示赞同。男生E说："对于我来说，改变包括两个方面。首先，我开始有意识地提醒自己享受运动的过程，感受身体的力量，而不仅仅是盯着一些数字。然后，我觉得更重要的是，我试着跟身边几个关系很好、一起健身的朋友们聊起这些话题，然后非常惊讶地发现我其实并不是一个人，并不只有我出现过类似的想法和行为。可能很多时候我们以为'身材焦虑'或者'进食障碍'是女性才会遇到的问题，再加上传统观念要求男性要'像个男人一样'，不要谈论自己的情绪，所以男性进食障碍人群经常没有得到足够的重视①。我觉得'坦诚地谈论自己的情绪和脆弱'是我最大的'行为挑战',我希望可以帮助周围正在经历类似情况的朋友们意识到这个问题,及时寻求帮助。"

"我也觉得'说出自己的真实想法'是我最大的'行为挑战'。我有一个朋友对自己的身材非常不自信,即使体重已经低于健康区间,也还是要继续减肥;她的男朋友非常喜欢评论女生的身体,给了我朋友很大的压力,于是我那天终于鼓起勇气反驳了他。虽然我并不是每次都可以做到'坚定地说出自己的看法',"我回想起那天"闭门会议"的场景,情绪突然有一丝激动,"不过至少这是第一次尝试。"

"大家都说得非常好,"导师妮可说,"我们生活在一个不断制造身材焦虑的大环境里,这样的大环境或多或少地影响着每一个人;同时,作为大环境的一部分,我们每个人的言行又影响、改变着大环境。在这种情况下,挑战、反驳、拒绝这些助长'身材焦虑'的风气,就是在帮助塑造一个更加友好的大环境。今天想和大家一起做一个'角色扮演(role-play)'的活动,我会扮演一个深受'瘦就是一切'误导的女性,你们的任务是挑战、反驳我接下来说的话中不利于我正确看待自己身体的地方。"

---

① STROTHER E, LEMBERG R, STANFORD S C, et al. Eating disorders in men: underdiagnosed, undertreated, and misunderstood[J/OL]. Eating Disorders, 2012, 20(5): 346-355 [2021-03-26]. https://doi.org/10.1080/10640266.2012.715512.

角色扮演：

妮可：一个月以后我就要和朋友们去度假了，我现在必须开始减肥。我的目标是减掉20斤。

男生 E：为什么你觉得去度假前需要减掉20斤呢？

妮可：因为我们要去海边度假，我想穿那套比基尼泳衣。

女生 A：可是不是拥有特定的身材才可以穿比基尼、享受海滩度假呀？

妮可：不，只有瘦的人才有资格享受海边时光，不是吗？而且我们会拍很多照片，我觉得自己很丑。

女生 D：照片是为了记录生活中的美好时光，而不是为了看起来像时尚杂志上的模特一样。

妮可：可是我的朋友们一定都瘦了很多，她们肯定会嫌弃我的。

我：不需要和其他人比较——你处于健康体重，不需要减掉20斤。而且我相信你的朋友们喜欢你是因为你内在的美好品质，而不是因为体重秤上的那个数字。

妮可：不过总归是越瘦越好嘛！

女生 D："越瘦越好"是一个危险的谎言，千万不要相信。健康才是最好的。

妮可：我的计划是，从今天开始每天只摄入500大卡的食物，并且完全不吃碳水化合物。

男生 E：我不认为这个计划是可行的，这甚至是很危险的。我们的身体需要足够的能量来运转。

妮可：没关系，反正只有一个月的时间，之后就恢复正常。

我：过度节食——就像你的计划这样——会让我们更加容易暴食，陷入"节食—暴食—节食"的恶性循环，增加进食障碍的风险。

妮可：如果暴食了，我就去运动。其实我最近学业非常紧张，不过我可以每天早上5点起床先去运动，然后把晚上和朋友们一起吃饭的时间也拿去运动。

女生 C：运动的目的在于欣赏身体的力量，而不是一种对于进食的惩罚。并且这样严苛的运动计划不仅不能帮助你更好地学习生活，反而会严重占用你的学业、社交和休息的时间。

妮可：我在社交媒体上关注了一位模特+健身教练，我不知道为什么我不可以看起来像她一样。

女生 B：就像你说的，她是一位模特+健身教练，这是她的本职工作，所以这样的比较对你是不公平的。

妮可：如果我看起来像她一样，我就可以拥有和她一样完美的生活了。

男生 E：没有人的生活是完美的，我们在社交媒体上看到的往往只是别人生活中经过精心挑选过的一些片段。生活就是充满酸甜苦辣的,"完美"是不存在的,这和身材或者体重都没有关系。

妮可:说到底还是因为我太不"自律"了,没有自控力。

女生A:我们的体型很大程度上受到先天因素和大环境的影响[1],所以完全归咎于"自律"是不准确的[2]。而且你现在的体重处于正常范围,你并不需要减掉20斤——健康才是最重要的。

妮可:瘦不就是健康吗?

女生B:瘦并不一定代表健康。很多时候我们追求的所谓"完美身材"其实低于健康的体重区间,我们需要采取很多并不健康的方式来达到这个数字。

妮可:我有时候觉得如果有厌食症的话,也是个不错的选择,至少可以瘦下来。

女生D:我必须要说这是一个极其危险的想法。神经性厌食症是死亡率最高的心理疾病,会彻底控制你的生活,毁掉你的健康。这不是一件闹着玩的事情。

妮可:反正我就觉得,控制了体重才能控制生活。

男生E:其实有时候过分地控制身体,才会让生活失控。

---

[1] University of Cambridge: slim people have a genetic advantage when it comes to maintaining their weight[EB/OL]. (2019-01-24) [2020-11-08]. http://www.sciencedaily.com/releases/2019/01/190124141538.htm.
[2] CHAPUT J P, FERRARO Z M, PRUD' HOMME D, et al. Widespread misconceptions about obesity[J/OL]. Canadian Family Physician, 2014, 60(11): 973-984 [2020-11-08].

角色扮演之后，导师梅丽莎说："我们的日常言行就是大环境的一部分，所以这个小活动的目的就是让大家可以辨别出生活中这种'瘦就是一切'的思维模式，并且练习如何挑战这种思维。我希望大家都可以做一个'接纳自己身体'的倡导者（body image activist），向我们自己和周围的人宣传如何接纳自己的不完美、温柔地对待自己的身体。这里是一些可以借鉴的例子①：

- 邀请你的朋友和你一起抵制某个制造外貌或身材焦虑的时尚杂志或社交媒体
- 在校园的路边放一块黑板，邀请路过的同学写下 TA 喜欢自己身体的哪些地方
- 在社交媒体上写一篇反对"瘦就是一切"的文章，并且分享给家人和朋友
- 在健身房的体重秤或者镜子上放一张"爱你自己"的纸条
- 挑战生活中有关身材或体重的恶意评论

---

① STICE E, SHAW H, ROHDE P. Body acceptance class manual: enhanced-dissonance version[EB/OL]. [2020-11-24]. http://www.bodyprojectsupport.org/assets/pdf/materials/bodyproject4sessionscriptandhandouts.pdf.

（17：00）心跳疯狂加速，又一次在"不希望的场合碰到不希望遇到的人"——其实也不算是"不希望的人"，只是感到极其惊讶，完全没有想到。因为今天是最后一次团体咨询，我们几个人留了联系方式，希望可以互相鼓励。刚踏出咨询室的门，一抬头就猛地看到隔壁房间的 S 女神从二层走下来。我愣在原地，大脑一片空白，然后本能地想要躲回咨询室——只不过从 S 同样惊讶的表情可以看出，我们已经注意到了对方。有些紧张地对视几秒过后，S 微笑着跟我打了个招呼，我们一起往宿舍走。

"你最近怎么样？" S 打破了短暂的沉默。

"前段时间状态不是特别好，觉得在这里压力很大，很多事情不太顺利，经常试图用暴食来解决问题。"

我没想到自己第一次向周围同学说出上学期的经历，竟然是和永远都那么完美的 S："不过现在好多啦，和这里的心理咨询师聊了聊，感觉很有帮助。你呢？"

"我也是之前状态有些低迷。你还记得我上学期在找咨询公司的工作吗？本来以为一切都很顺利，不过我最后并没有得到任何机会，而且都是在最后一轮面试出现了问题。我觉得特别失望，甚至开始全方位地质疑自己，所以来找咨询师聊聊。"S轻轻地说。

"那你现在感觉好点了吗？"我小心翼翼地问。

"好多啦！"S笑了一下，说，"我之前一直是那种步步为营的人，以为只要再努力一点，一切就都会按照我的计划进行，不会有任何差错。我现在意识到，没有人对自己的生活有百分之百的控制，生活就是充满不确定性的，我们需要接受这一点。"

"是的，"我悄悄看了一眼S，说，"或许'完美'真的是不存在的。"

"所以我现在觉得这个小挫折未尝不是一件好事，让我停下来思考过去的生活状态是不是健康的、可以持续的，我所追求的事情是不是自己真正热爱的，生活的意义是不是就是不断地追求下一个目标。"

第四部分

如何在茫茫人海中准确、快速地找到自己的灵魂伴侣?

如果我知道答案的话,这部分绝对不会有整整88页,你说是吧。

2月24日 星期五

微信步数： 7290 ／ 内心：极其纠结，完全不知道该怎么做

今天是秋言的生日，于是我们把明天的"闭门会议"改到今天晚上，去了秋言最喜欢的比萨店，消灭了两盘芝士薯条、一盘炸鸡翅、一盘炸洋葱圈、一张"四种芝士比萨饼"，以及一块巧克力生日蛋糕。秋言兴高采烈地给我们展示男朋友送的生日礼物，一条很好看的项链。

"你男朋友真是太贴心啦！"珊珊一边说，一边少见地往嘴里塞着薯条。

"还行吧，不能让他骄傲。"

"我看你呀，就是表面上装作无所谓，其实心里特别在意人家吧？上次他过生日，你跑了那么多地方找他喜欢的那种球鞋，之后居然跟他说你是在网上随便买的。"我对秋言说。

"这不是不能让他太得意嘛。谈恋爱也要讲点心机，不能傻乎乎的什么都表现出来。"秋言回答道。

"你可拉倒吧。真正有心机的都是表面上装的好像是这辈子没你不行，其实连你叫啥都不记得，哪儿有你这样嘴硬心甜的。你就属于傻白甜还非要硬装心机，然后又不太高明的那种。"思睿打趣道。

我们几个一边吃一边说笑，非常开心。快要结束的时候，我

起身去洗手间，听到旁边的隔间里传来呕吐的声音。起初我并没有在意，以为是谁不舒服，正当我想去问问需不需要帮助的时候，隔壁响起手机铃声，然后一个熟悉的声音说道："好呀！我现在还在比萨店，没有吃什么，我一会儿去找你？爱你哟！"

是珊珊的声音。

我吓得一激灵，赶紧溜回到座位上，以避免不必要的尴尬。过了几分钟，珊珊从洗手间回来，似乎并没有表现出任何异样。我偷偷地瞥了一眼，看到珊珊的脸颊因为消瘦而有些凹陷，和身上穿着的肥大的外套形成鲜明对比。回想珊珊最近的种种表现，我的脑子里很乱，完全听不进去秋言慷慨激昂的演说。所以，之前在宿舍洗手间催吐的是珊珊吗？那天秋言和思睿——怪不得珊珊会小心翼翼地反驳！我当时为什么没有意识到这个问题？为什么我没有勇气说些什么？我们竟然一起对珊珊做了一件如此残忍的事情。

2月25日　星期六

微信步数：　2930　／　内心：极其纠结

辗转反侧，不知道该怎么办。

2月26日 星期日

微信步数：1096 / 内心：极其纠结

经过一整天的思想斗争，我还是决定去找珊珊聊聊——我真的没办法假装这件事没有发生。现在心情极其紧张，我打开电脑，在网上搜索"如何帮助身边一位（可能）正在经历进食障碍的朋友？"

如何帮助一位（可能）正在经历进食障碍的人[①]？

- **做好准备——尽可能地去从权威渠道了解进食障碍**

  进食障碍是一种严肃的心理问题，绝非一种"个人选择"，也不仅仅与"食物"有关——这背后往往还有更深层次的因素。进食障碍的人群很有可能同时也正在经历强烈的负面情绪，比如，羞耻、难堪、自责、愤怒、焦虑，或者极力否认自己正在经历进食障碍的困扰。这就需要我们做好准备，了解什么是进食障碍，提前"演练"我们想要说些什么，并且意识到这些情绪的存在。

- **寻找一个让人感到放松的环境**

  这些私密、高度情绪化的对话最好可以在一个安全的场合中

[①] National Eating Disorders Collaboration: what to say and do[EB/OL]. [2021-03-28]. https://nedc.com.au/support-and-services-2/supporting-someone/what-to-say-and-do/.

进行。避免嘈杂的环境，寻找一个最让人感到放松的地方——比如家里。

● **选择合适的语言**

这是一个非常敏感的话题，所以选择合适的语言非常重要。一些实用的小建议：

- 在表达情绪的时候，尽量使用以"我"开头的句子，而不是指责性的语言。比如，"我感到有些担心，"而不是"你看看你，让我多担心"
- 给他们足够的时间表达自己，而不是快速地推进整个对话
- 鼓励他们谈论自己的情绪，而不仅仅是食物
- 认真地倾听，不要批判或者指责
- 提醒他们，承认自己正在经历进食障碍的困扰并不是一件羞耻的事情
- 不要使用操纵性的语言，比如，"如果你在意我的话，那就多（少）吃点"
- 不要使用威胁性的语言，比如，"如果你不好好吃饭的话，我就惩罚你"
- 最重要的是，鼓励他们去寻求专业人士的帮助

和珊珊说笑着走到了一个安静的地方，我小心翼翼地说："这几天我一直想问你个问题，不过其实……其实我也不确定该

怎么开口。"

"什么问题呀？你说呗，没关系。哦对啦，钟楠让我以后跟你一起去做瑜伽，你下次去的时候叫上我。"

"好的。我想说的是……"我努力让自己不要临阵脱逃，"周五给秋言过生日的时候，我无意中……我真的不知道该怎么说……你不要介意啊……就是吧……我的意思是，你……你那天，我的意思是，我无意中听到你那边……嗯……有呕吐的声音……我很想来问问你……就是……发生了什么吗？"我大脑一片混乱，支支吾吾地说。

听到这话，珊珊愣了一下，脸上写满了不知所措，低下头很长时间没有说话。

我们的周围弥漫着紧张的空气。

"你愿意和我聊聊吗？也许说出来会有帮助。不用勉强，我只是有些担心你。"我轻轻地说，希望自己没有冒犯到珊珊。过了一会儿，珊珊半抬起头，双眼泛红，哽咽着说："对不起，我一直都没有跟你们说实话。我没有不信任你们，只是觉得特别特别羞耻，也害怕别人不理解。你们的生活都那么高效有序，只有我在失控，我不知道该怎么开口，怕你们会嫌弃我。"

"我理解你的意思，不过你完全不需要这么想。其实吧，我也有一件事没有告诉你，"我决定告诉珊珊，"我上学期也有类似的经历，只不过具体的症状有些不同。你还记得之前你拉着我去那家小码服装店吗？我跟你说我需要去旁边的超市——其实那只不过是因为我特别厌恶自己的身材,我不想更不敢进去,我确信自己会是里面最胖的人。我觉得每一件我穿不下的小码衣服都在跟我大喊:'你这个堕落、放纵、肥胖、罪恶的人。'还有,你记得前段时间咱们在学生健康中心附近碰到,我跟你说我送一个崴脚的同学去医务室吗?其实我是去旁边的心理咨询室。"跟珊珊说出这段经历,竟让我感到一丝轻松。

"真的吗?"珊珊惊讶地说,"我还以为只有我一个人。那你现在还好吗?"

"我也不敢说自己已经完全恢复,不过确实比之前好很多啦。"我停顿了一下,说,"其实我很想建议你也去寻求专业的帮助,这完全不是一件羞耻的事情。找到一个安全的环境来倾诉这些困扰本身就可以缓解一些负面情绪,我也意识到了自己的一些不那么健康的思维方式,建立了更加良性的行为模式。如果需要的话,我可以告诉你如何预约。"

"好的,我回去想一下"。

"如果你想找个人聊聊的话,可以随时给我打电话。"我对珊珊说。

2月30日3月1日　星期三

微信步数： 7504　／　内心： 当你还在思考"新年有什么新气象"，时间已不知不觉来到3月份

　　早饭在食堂吃了一个全熟的煎蛋（！），然后去找认知心理学教授讨论关于实验报告的事情，其间假装不经意地多次提到这篇报告我已经修改了7遍，疯狂暗示教授自己没有功劳也有苦劳。教授和蔼地笑了一下，说："这才对嘛，做事情，尤其是做学术，就应该踏实认真。当年我和我老公（两人相识于耶鲁，相知于普林斯顿，相恋于牛津）的婚礼誓词一共改了21遍，差点逼走证婚人。"

3月4日　星期六

微信步数： 10869　／　内心：平静

　　今天的"闭门会议"上，思睿给我们声情并茂地讲述她和约会软件上认识的男生见面的故事："我跟你们说啊，这个人以后想去法学院，他所有的言行举止都是那种非常精英主义的，搞得我有点紧张。我们点单的时候，我还犯了一个错误。我想点一杯'莫吉托'鸡尾酒，你们知道吗，'莫吉托'的英文发音居然不是'莫-吉-托'，而是'莫-黑-多'（mow-hee-tow）。这谁能想

到啊！然后他当着服务生的面就直接指出我发音的错误，简直太丢人了呀！"思睿捂着脸说。

"这个男的有点意思哈，优越感爆棚，还情商为零。"秋言翻了个白眼，一脸嫌弃地说。

"还有更奇葩的呢！他说自己以后做律师的终极梦想就是推动一项政策，规定智商在某个数值以下的'愚蠢人口'不许生孩子——是的，他真的用了'愚蠢人口'这个词，他是认真的——避免拉低人类社会的平均智力水平。"

"居然还有这样的人?!"我们仨异口同声地说，"姐妹，你可千万要离这种极端分子远一点，他遭雷劈的时候可别误伤到你。"

3月7日　星期二

微信步数：4789　/　内心：嘻嘻！

最近在约会软件上并没有太多运气，匹配的男生好几个都完全不说话。今天和一个叫F的男生配对，聊了几句后，他问我愿不愿意这周五中午在咖啡馆见个面，我答应了他。很好，朝着脱单迈出了史诗级的一步，充满希望。

3月8日 星期三

微信步数： 13907 ／ 内心：平静

和临床心理学课上认识的一位小姐姐一起吃了午饭。因为我们都想本科毕业以后继续读书，所以自然而然地聊到了那个所有人都会问你，所以你最好有答案的问题：到底应该什么时候生孩子。本着科学严谨的学术态度，利用以前奥数课上唯一学会了的暴力枚举法，我们设想了以下所有可能出现的情况：

A. 想读博士
- 本科毕业后直接读博士（不在考虑范围内，根本考不上）
- 本科毕业后直接读硕士，然后考上博士
- 本科毕业后直接读硕士，想读博士但没有考上
  - 直接继续考
  - 工作几年以后继续考
  - 再读一个硕士以后继续考
  - 放弃
- 本科毕业后先工作几年，读硕士，然后继续读博士
- 本科毕业后先工作几年，读硕士，想继续读博士但没有考上
  - 直接继续考
  - 工作几年以后继续考
  - 再读一个硕士以后继续考
  - 放弃
- 本科毕业后先工作几年，直接考博士

- 本科毕业后先工作几年，直接考博士但没有考上
  - 工作几年继续考
  - 读硕士
    - 读完硕士以后继续考博士
    - 读完硕士以后放弃读博
  - 放弃

B. 不想读博
- 本科毕业后直接申请硕士
- 本科毕业后直接申请硕士，但没有考上
  - 工作一段时间继续申请
  - 放弃
- 本科毕业后工作一段时候，申请硕士
- 本科毕业后工作一段时间，申请硕士，但没有考上
  - 工作一段时间继续申请
  - 放弃

C. 本来想读博士，后来不想了
- 本科毕业后直接申请博士
  - 拿到硕士学位后放弃
  - 直接放弃
- 本科毕业后直接读硕士，然后考上博士
  - 拿到第二个硕士学位后放弃
  - 直接放弃
- 本科毕业后直接读硕士，想读博士但没有考上

D. 本来不想读博士，后来又想了
- 本科毕业后直接申请硕士，然后读博
- 本科毕业后找工作
  - 工作一段时间后，直接申请博士
  - 工作一段时间后，直接申请博士，但没有考上
    - 申请硕士
    - 继续工作一段时间
  - 工作一段时间后，申请硕士，然后继续读博士

我们聊得非常投入，详细地分析了每种方案的利弊，最后连食堂的阿姨也参与进来，为我们出谋划策。热血沸腾，仿佛一切尽在掌控之中。从食堂往外走的时候，我随口问小姐姐："对了，你男朋友是学什么的呀？"

"我没有男朋友啊。你呢？"

"我也没有。"

或许我们遗漏了些什么。

3月9日 星期四

微信步数： 9307 ／ 内心：平静

正在琢磨明天和F见面该穿什么，他发来消息说自己还在

准备面试，这是他最近收到的第3个二轮面试，问我可不可以换个时间，于是我们改到了下周二。脱单进程：仍然在原地踏步。

3月11日 星期六

微信步数：9860 / 内心：平静

（11：20）姐妹们经过两个小时的激烈讨论，最终决定由Siri[①]来决定今天中午吃什么。

（11：25）哈！是芝士比萨！我爱Siri！

（12：20）思睿在群里@我。

> 思睿：亲爱的，比萨我和秋言去拿啦，现在在往你房间走！

（12：21）所以今天是在我的房间集合！

（12：22）我为什么完全不记得这件事？？

（12：23）还没有收拾东西！！

---

① Siri是苹果公司应用在其产品上的语音助手。

12:24

你们稍等一下！我刚洗完澡。 我

稍等一下哈！马上就好。 我

12:35

思睿 还是没好吗？比萨都要凉啦！

12:42

一分钟！ 我

12:50

最后一分钟！ 我

思睿 那我回房间化个妆。

12:57

可以啦！你们在哪里？ 我

13:10

思睿 〈 稍等我还在化妆，@秋言@珊珊 你们先去吧，不用等我！

13:23

秋言 〈 @思睿 你还不过来呀？比萨已经凉透啦！

13:30

思睿 〈 一分钟！

13:45

思睿 〈 我过来啦！

秋言掏出手机，给我们展示 5 岁的小侄女昨天的生日照，说："这个小家伙可真是世界上最可爱的。有一说一，如果是双眼皮就更好看啦，不过我真的好喜欢她呀！"

"有你这么当小姨的吗！注意给下一代传递的价值观。"思睿打趣道，"美是由自己定义的，不应该有统一的标准。"

"可是能够坦然接受自己并不美丽难道不也是一种难得的勇气吗？现在很多关于'美'的标准如此离谱，我都懒得跟着掰扯。我就是不美，又能怎么样呢？"秋言霸气地说。

"问题在于,并不是所有人都可以接受'我并不美丽'的呀。你看多少人——尤其是年轻女孩——因为这几个字而郁郁寡欢,产生各种问题?美应该是主观的,存在于每个人心中的,每个人都有独特的美。比如我很喜欢化妆,那也是因为我很享受自己的状态,而不是因为要迎合什么审美标准。"

"姐妹,你说的那都是理想情况,现实中我们对于'美'的看法怎么可能完全没有大环境的影响?社会给了我们一个关于'美'的牢笼,难道我们就满足于把这个'牢笼'改得更合身一点吗?我根本就不想要这个牢笼。谁说一个有意义的人生必须要长得好看?"秋言手舞足蹈地论证自己的观点,我和珊珊津津有味地听着。

3月12日 星期日

微信步数: 10830 / 内心:很好,非常好

珊珊在姐妹群里宣布和钟楠分手,回归单身,本着"生活给我痛击,我还与炸鸡"的原则,中午要请我们吃炸鸡。在炸鸡店,秋言再次快言快语地评论道:"我早就看他不顺眼了,分了挺好的。你呀,就是太乖啦,什么都听他的。我跟你说,别老琢磨什么'男生会喜欢哪种女生'之类的东西,然后非要把自己变成什么样子。如果你都不展现真实的自己,怎么可能吸引到会真正欣赏你的人呢?"我和思睿为这精彩的发言鼓掌,珊珊举起手里的炸鸡和秋言做了一个"碰杯"的动作。午饭过后,秋言和思睿直接去了图书馆,我提出陪珊珊一起回房间拿书包。还没等我开口,珊珊说:"咱们那天聊过之后,我就在和学校的心理咨询师见面,你放心吧。"

"那真是太好啦!"听到这话,我感到很开心:"关于钟楠,我现在越来越觉得,如果一个人让你觉得自己特别糟糕,让你觉得自己必须无时无刻不在'表演'的话,那也许这并不是最适合你的那个选择。"我对珊珊说,同时也是对自己说。

3月13日 星期一

微信步数: 13590 / 内心: 这漫长的等待

约好见面的 F 又把时间改到了周五,原因是这几天都在准备面试加应付功课,几乎没怎么睡觉。

我有点好奇地问他

> 你在找暑假的实习吗? 好努力呀! —— 我

F —— 哦,是的,我在找明年暑假的实习。

3月14日 星期二

微信步数： 7329 / 内心：有点意思

正在图书馆试图搞清楚各种"人格障碍"的诊断标准和治疗方法，思睿突然打来电话，要求召开紧急"闭门会议"，说有非常重要的事情要跟我们说。

"我刚刚和另外一个在约会软件上认识的男生见面啦，他是那种非常温和细腻的男生，历史专业，以后也想为非营利组织工作。感觉我们俩有很多价值观非常接近。"思睿认真地说。

"脱单的时候记得请客，就去上次那家炸鸡店吧！"我起哄道。

"你们听我说——问题在于，我理智上知道他是个非常非常好的人，而且我们也很合适，不过我好像对他就是没有什么感觉。"思睿有些不好意思，"说实话——你们别打我啊——我对他的兴趣好像远不如上次那个男生。"

"等等！你指的是，上次那个发表极端观点的'愚蠢人口'男？姐妹！你确定你是认真的？"秋言表情夸张，一脸难以置信，说着还伸出手摸了摸思睿的额头，"你还好吧？"

"哎呀，你不要这样嘛！我也不知道为什么，可能就是觉得他特别聪明，可以教会我很多东西，很有想法，甚至有点霸道的感觉——虽然我承认确实也有点极端。总之就是给我一种很男人的感觉，非常吸引我。"思睿露出一丝少女般的笑容。

"宝贝儿，你是不是偶像剧看多啦？那种霸道总裁真出现在现实生活里得有多吓人！"

"而且多半是个骗子！"

"再说，你之前不是一直讲，想找一个可以欣赏女性力量的另一半吗？"

"是的！不过我同时也希望另一半可以站在一个比我高的位置，帮助我成长。"思睿说。

"这么说的话，你想要的不仅是一位可以欣赏女性力量的男性，而是一位可以欣赏女性力量的、更有力量的男性。"我说。

"问题在于，"珊珊说，"这听起来好像只有女性可以冲破性别的枷锁，而男性只能继续'像个男人一样'。如果坚韧强大的女性值得鼓励的话，细腻温柔的男性不是也一样很棒吗？"

"哎呀，"秋言评论道，"你们为什么总要把简单的事情复杂化？在我这里就一个标准，当众跟女生讲道理就是不行，不管你有没有道理。我就愿意念成'莫—吉—托'，我觉得好听，不行吗？这种人真是'注孤生'。"

3月16日 星期四

微信步数： 8986 ／ 内心：哈！

约会软件上认识的 F 发来信息，确认明天见面的时间和地点：

> **F**: 下午好！我来确认一下，我们之前约好明天中午12点见面，这个安排对你仍然合适吗？

哈！这次终于没有改时间。"不能秒回！"秋言在旁边提醒我，"不然他觉得你很闲，下次还会随便改时间。"脱单进程：未来可期。

3月17日 星期五

微信步数： 7459 / 内心：我是谁？我在哪？我在干什么？

（12：18 一个说实话不知道为什么还没倒闭的咖啡馆）在迟到18分钟后，F终于出现，伴随着一股强烈的古龙水的味道。

"你好呀！" F 上下打量着我，说，"不好意思，刚刚面试完，直接过来的。你饿吗？如果不饿的话，我们就点咖啡吧！"

我愣了一下，也只好说："哈哈好呀，那就点咖啡吧！"

F 脱下西装外套，冲我露出一个标准微笑，问："你是学什么的？"

"心理学，你呢？"

"数学和金融，以后想去投资银行工作。你呢？"

"我觉得自己对于学术还是挺感兴趣的，应该会继续上学，看看有没有机会。"

"挺好的。那你想好具体读哪个方向了吗？有目标学校了吗？导师找好了吗？毕业后想做些什么呢？"

我顿时来了兴趣："我现在在上临床心理学的课，我觉得特别有意思，而且很有意义！不过这个方向难度非常大，我那天研究了一下，如果想当'执业心理学家'（licensed psychologist）的话，可能必须要读一个博士学位，通过资格和伦理考试，还要完成几千个小时的临床工作——所以我也还不是特别确定。"

"临床心理学？是不是就是心理医生？"

"其实我们一般会说'执业心理学家'或者'心理咨询师'（therapist），而且——"

F打断了我："我觉得你看起来也不是特别笨啊，为什么想做心理医生，不去试一试'真'医生呢？"他继续说，"是不是'有机化学'太难了呀？我懂的，不用解释。"

"……你最近面试挺辛苦的吧？"我试图强行换一个话题。

"那肯定的。我之前投了100多份简历给不同公司，纽约、波士顿、芝加哥、伦敦、东京、夏洛特、香港、新加坡都有，包括投行前台、对冲基金、资产管理等等。"

"听起来好厉害！"

"我还是想自己在金融界好好闯荡一下的，不然直接回去继承我爸的公司，多没意思啊，你说是吧？"

"哈哈，应该是吧。"我挤出一个微笑，尝试着理解这个我无法理解的烦恼,"那你们投资银行,具体是在做什么呀?"

"这你就问对人啦。投资银行,顾名思义,就是@#% (* & #……%&……% ?? #% ……&&% ?? #@✓% ~#####% % % ??% ?? #??% % ?? #✓##% %&&* &……??% #??% ?? #@ 54 * &% 6666 #??% &&&0* &@ #&&% ✓?? ##########* !!!! #? * * * * * % ……?? ###✓…… 还有,我想你应该也不知道'对冲基金'吧?对冲基金就是&……% ✓✓?? #@ ✓% % ……% ✓#✓#@ ! #??% * &……% #@ #@ @ @ @ @ @ #&* ……% &?? #?? #% #……"他说完,挑了一下眉毛,问我,"懂了吗,心理医生?"

"懂……懂啦!"我挤出一个微笑。

"对了,我想问你,你是不是一般周末比较有空?"

终于碰到一道会答的题,我赶紧说:"是的,周末比较有空。"

F掏出手机,认真地思考了片刻,说:"那这周日我们一起吃个饭吧。我已经加到日历上了,会提前一天跟你确认时间的。到时候见!"

很好,我也顺利进入到第二轮"面试"。脱单进程:前进一步。

3月18日 星期六

微信步数： 10876 / 内心：平静

  恍惚间以为今天的"闭门会议"是在我的房间，而我又忘记收拾东西，引起了15秒的迷你恐慌，还好其实是在秋言的房间。思睿神神秘秘地说："姐妹，跟你们说件事，不过你们必须保证不要打我。"

  "这个不能保证。"秋言再一次抢先回答，"如果是你和'愚蠢人口'男在一起了，请自觉不要让我们看到他，谢谢。"

  "没有，你别闹！"思睿说，"之前我们聊天的时候，他说他很看不起那些跟任何女生都可以约会甚至发生亲密关系的男生，自己绝对不会这么做。"

  "没想到，这个人还挺有原则的。"

  "因为他觉得自己的约会对象智商必须要达到'高级'的标准，不然的话跟和一只大猩猩约会有什么区别？"在我们三个难以置信的表情中，思睿继续说，"然后那天我们无意中碰到，我当时正在电脑上看一个叫作'爱情是盲目的'（Love is blind）的娱乐节目，大概内容就是节目组安排一男一女先求婚再见面。我以为他一定会嘲笑我，没想到他笑了一下，说，'看来我的理论是对的，聪明的人很多时候就喜欢看愚蠢的节目。'"思睿一脸兴奋地说。

  "所以呢？"秋言问。

"所以他说我聪明了呀!!"

"所以呢?"珊珊问。

"所以他说我聪明了呀!你看他那么精英主义的人,我居然得到了他的认可!"

"所以呢?"我问。

"所以就说明我还不错嘛!"

"姐妹,你这样的想法是很危险的,"秋言说,"我再给你们画一次重点。男人这种生物啊,就不能太给他们脸,绝对不能表现得对他们的话太在意——尤其是这么奇葩的一个人。你本来就很不错呀,他现在说你好,难道以后他说你不好,你就真的不好啦?"

"我同意,你不需要这种人的认可。"我说。

"就像鱼不需要自行车一样。"珊珊一本正经地补充道。

F发来消息,确认明天是否可以如约见面,并且问我可不可以把吃饭的时间从12点改到下午2点,因为那家餐厅下午2点到4点可以打8.5折。于是我们定在明天下午2点见面。

3月19日 星期日

微信步数: 5638 / 内心:平静

很好,今天F只迟到了5分钟,依旧是未见其人,先闻其古龙

水。坐下以后,他开始眉飞色舞地给我讲一个关于临床心理学的"超级搞笑"的笑话:

在一个月黑风高的深夜,一个临床心理学家独自走在一条僻静的小路上,看到一个浑身是伤的人躺在地上呻吟;那个人用乞求的语气说:"求求你帮帮我,刚才一个人无缘无故暴打了我一顿。"

心理学家感到非常愤怒,大声地说:"到底是谁干出这样的事情!那个人现在显然需要我的帮助!"

"是不是超级搞笑,哈哈哈哈哈哈哈!"F放声大笑,留我在一旁尴尬到脚趾抠地。点餐时,他点了一份沙拉,并且特地强调不要沙拉酱。我在巨大的同伴压力下,只好泪别芝士比萨,只点了一个鸡蛋牛肉三明治。F见状,对我说:"你知道那些小动物们多可怜吗?而且动物制品也不利于保持身材。"

"哈哈,那你是纯素食吗?什么时候开始的?"

"大概一个礼拜以前吧。"

在之后的一个半小时内,F从投行惊人的工作量,聊到他对于斯坦福监狱实验的质疑,再到为什么花生不是一种坚果,之后无缝衔接到他们一家人在阿尔卑斯山滑雪的经历。最后,我也以不错的表现,顺利进入到第三轮"面试",约好下周五晚饭在街角一家新开的餐厅见面。

3月20日 星期一

微信步数： 779 ／ 内心：……

> 但是我有在好好学习，身体和精神至少有一个不在床上

> 谁能告诉我，为什么教授们总是喜欢把考试放在同一个礼拜进行？

这周需要完成星期三的临床心理学考试、星期四的认知心理学考试、星期五的社会心理学考试、共计 236 页的阅读，以及一篇下周要交的论文。为了提高效率，我决定分别去临床心理学、认知心理学和社会心理学的教室复习各门考试。根据认知心理学课上学到的"状态依赖记忆"（state dependent memory），当我们处在和"输入记忆"时相同的环境、场景和状态下时，则更容易"提取记忆"。比如，如果你在复习的时候是潜入海中或处于醉酒状态的，那么如果你在考试的时候也潜入海中或处于醉酒状态，则会比在陆地上或处于清醒状态更容易提取那些知识点[①]。

（17:30 临床心理学教室）很显然不止我一个人是这么想的。课上的一个男生好像已经在这里待了很久的样子。

（21:00 临床心理学教室）他还在全神贯注地学习。

（22:00 临床心理学教室）不会吧，他还在？

[①] WEINGARTNER H, ADEFRIS W, EICH J E, et al. Encoding-imagery specificity in alcohol state-dependent learning[J/OL]. Journal of Experimental Psychology: Human Learning and Memory, 1976, 2(1): 83-87 [2020-12-10]. https://doi.org/10.1037/0278-7393.2.1.83.
GODDEN D R, BADDELEY A D. Context-dependent memory in two natural environments: on land and underwater[J/OL]. British Journal of Psychology, 1975, 66(3): 325-331 [2020-12-09]. https://doi.org/10.1111/j.2044-8295.1975.tb01468.x.

（22：05 临床心理学教室）那我也不能走。

（22：10 临床心理学教室）我倒要看看今天谁熬得过谁，反正我早有准备，带了3罐气泡水来。

（23：00 临床心理学教室）他真的准备耗下去？

（23：30 临床心理学教室）已经11点半啦！

（23：45 临床心理学教室）还不走？

（23：50 临床心理学教室）我倒要看看他什么时候走。

（23：55 临床心理学教室）我这莫名其妙的胜负欲。

（00：10 临床心理学教室）好的，他终于走啦。我取得最终的胜利。

（00：15 临床心理学教室）一个人在教室，感到莫名空虚。

3月24日 星期五

微信步数： 8539　/　**内心：** 平静

终于搞定了这个礼拜的三门心理学考试，瘫在床上，以2分钟一个实验的速度遗忘着所有知识点。秋言在姐妹群里@我，祝我明天晚上和F的见面顺利。

思睿 > 你们在什么地方见呀？

我把餐厅的名字发到群里，说：

> 好像是家新开的餐厅，网上还搜不到呢。 —— 我

思睿：哦，我知道的！这是一家新开的酒吧哟，不过也有吃的。

思睿：他跟你说是新开的餐厅吗？

秋言：这男的听起来不怎么老实啊。你们约的几点呀？

> 他本来说的7点，我改到了6点。要不我问问能不能改成中午？ —— 我

秋言：对的。然后你自己小心一点，别让他离你太近。

珊珊：如果有什么问题的话赶紧给我们打电话哈！

收到 F 的回复：

> F：非常遗憾，我明天中午要去处理一些事情，晚上更合适一点。

> 我：那周日中午呢？你方便吗？

> F：不好意思，我周日非常忙，还是明天晚上的时间更合适一点。

> 我：那我们改成5点半吧？稍微早一点，我之后也有点事情。

> F：好的，那明天下午5点半见！

3月25日 星期六

微信步数：9527 / 内心：一脸懵圈

（17：30 "**餐厅**"）这里果然是一家可以点菜的酒吧。点完单后，F问我想要什么饮料，我说要一罐苏打水。

"别这样！今天可是周六晚上，不打算喝点小酒吗？"说着，他把手放在我的肩膀上。

"我真的不怎么会喝酒，还是苏打水吧——或者可乐也行！"我假装伸手去拿酒水单，躲开他的手。

"我给你推荐一款鸡尾酒吧！"他拍拍我，"这里的长岛冰茶听说非常不错。你知道长岛冰茶吗？这款酒喝起来味道很甜，没有酒精的辛辣味道，你应该会喜欢的，想不想试一试？"

"我确实不太能喝酒，要不然还是算了吧。我可以看着你喝！"我告诉自己，绝对不能在这里喝醉。

"没关系，喝不完可以剩下嘛。那你看着东西，我去跟吧台说！"

（18：00 "餐厅"）真是奇怪。我都还没有喝完，竟然感觉有些醉。脸上火辣辣的，越来越控制不住地大声说话和放声大笑。这个酒度数这么高吗？不应该呀，看起来就和冰茶一样。我起身去洗手间洗了把脸，回来后又趁着 F 去要第三杯酒的时候，偷偷倒掉了自己杯子里剩下的一部分酒。

"我真的有点醉了，你看我的话越来越多。"我对 F 说，尝试找理由离开这里。

"我觉得你没有醉，你只是越来越习惯在我身边了！" F 说着，挑了一下眉，露出一丝笑容，"话说，你平时喜欢看什么节目吗？综艺？美剧？电影？"

终于等来一个正常的问题。"我一直特别喜欢网飞（Netflix）上面的一个美剧，叫作'马男波杰克'。这是个动画片，不过其实是拍给成年人看的，特别有意思，还挺有哲理的。"

"真的吗？！我也超级喜欢《马男波杰克》！这也太巧了吧！看来咱俩很有共同语言。"他对着我眨了一下眼，"你最喜欢里面的一句台词是什么？"

"最喜欢的一句台词？让我想想……给我印象很深的一句话是：'生活就是这样，不是吗？要么你知道自己想要什么但是无法得到，要么你得到了，却突然不知道自己想要的是什么了。'我觉得很有道理，很像这个人物会说出来的话。你看波杰克得到了一切他起初觉得重要的东西，然而他并没有变得快乐。就像我们总觉得幸福就是得到某一样东西——金钱、名利、外貌——不过这些东西真的是我们需要的吗？有了这些东西，我们一定可以觉得满足吗？"

"说的很有道理，我也记得这句话。让我们敬波杰克一杯！"

我拒绝了 F 递来的酒杯，说："不好意思哈，我真的不能再喝了，再喝我今晚就要睡在这里啦。"

"哈哈哈，那好吧！如果你不想喝酒的话，不如去我房间，咱们一起看一会儿《马男波杰克》？"

我暗自松了一口气，庆幸逃过他继续向我灌酒，于是我们收拾好东西去他的房间。我对 F 的强势有些反感，在心里思考着该如何拒绝下一次见面。

（19：00 F 的房间）他的房间离刚才的酒吧很近，而且非常整齐，像是精心收拾过的。

"我可能今天只能看一集，要早点回去，还有作业没写完呢。"我对 F 说，为自己任何时候想要离开打好预防针。

这时候，F 突然走过来拉着我的手，对我说："今天晚上留在这里吧！"

我愣了一下，确认自己没有听错："你刚才说什么？"

"今晚留在这里吧！"他把手放在我的腰上，我心里一紧，下意识地侧过身躲开他的手，支支吾吾地说："这个……这个可能不太行。我今天晚上真的有点事情，已经和朋友约好啦。"我意识到这和刚才要回去写作业的理由不一致，不过我已经无暇顾及，努力和体内的酒精作斗争，尽量保持清醒，尝试着思考对策，"而且我也没有准备好。"

"什么叫没有准备好？" F 盯着我的眼睛，说。

我尽力躲开他的眼神，大脑里一片混乱，断断续续地说："你别……你别误会啊。我只是觉得咱们刚刚认识，还完全不了解，这样不太好吧。真的，你别误会啊，我不是针对你，我只是……这是我的问题。"

"你以前有过类似的经历吗？"

"……没有。"我现在唯一的希望，就是赶紧逃离这个房间。

"你好落后的思想啊，我从来没有遇到过这样的情况。现在是 21 世纪，要遵从自己的内心，不必压抑自己的欲望，不要让陈旧思想束缚嘛！"说着，他又一次试图把手放在我的腰间，我连忙后退一步。

"可是……你听我说啊——"

F打断了我，说："你说你从来没有类似的经历对吧？那你又怎么知道自己不想呢？只有尝试过的事情才知道喜欢还是不喜欢，对不对？我能理解你的想法，我以前也有类似的焦虑，不过我在后来的尝试中克服了这种潜意识里的焦虑。你难道不希望解放自己吗？"

"对不起，今天真的不行。"我开始感到恐惧，尽量让自己保持冷静；我偷偷瞄了一眼房间的门，回想着附近的环境，思考着如果现在冲出去的话，会不会激怒对方，给自己带来危险。

"这样好不好，既然你是第一次，那我们慢慢来。你不喜欢了，我们就停下来，好吗？"说着，他伸手就要解开我的衣服扣子。

心跳加速，手心冒汗，身体进入"战斗或者逃跑"的紧急状态。意识到他不会接受"委婉的暗示"，于是我声音颤抖着跟他说："我说了不行就是不行，你听清楚了吗？"我故作镇静，打开房门以后，匆忙逃离，身体仍处在惊恐状态，两步一回头确认他没有跟着我。巨大的情绪包围着我，我像是坐在一辆失控冲向悬崖的汽车上的司机一样无助，再次疯狂地渴求食物。

那个久违的"小恶魔"又出现了。

我冲进最近的超市，以最快的速度用最廉价的食物装满了购物篮，这让我感到一丝安慰。现在是周六晚上，到处都是欢声笑语，我感觉自己是个异类。不过我无暇顾及，那个"小恶魔"一直催促着我。回到宿舍后，我把两袋巧克力饼干、一包薯片、两包水果糖，以及一盒冰淇淋塞进嘴里，大脑一片空白，只剩下糖的刺激和脂肪的油腻。为什么会发生这样的事情？我一遍遍地质问自己。我多希望自己当时可以摔门而去，可是我不敢，我怕激怒他，我不知道会发生什么。这一切都是他计划好的吧？为什么是我？一定是因为他觉得我不值得尊重。这时候，"小恶魔"跳出来恶狠狠地对我说：

既然你已经意识到问题，就应该想办法解决。从明天开始，你最好重新做人，什么都不要吃。

"好的。"我对"小恶魔"说。

3月26日 星期日

微信步数： 1824 ／ 内心：惊魂未定

（04：30）半夜梦到 F 而惊醒。脑子里一遍一遍回放着当时的情景，以及无数种可能发生的糟糕结果，吓出一身冷汗。一部分的我疯狂地想要吃掉所有的食物，另一部分的我勒令自己什么都不许吃。为什么这样的事情会发生在我身上？我真的只是想发展一段认真的关系。我其实并没有完全喝醉，我倒掉了最后一部分酒。我真的以为他只是想跟我一起看电视剧。为什么这样的事情会发生在我身上？因为我用约会软件，因为我同意和他一起喝酒，因为我同意去他的房间。我真的没想到会这样，我以为我们只是约晚饭。我当时答应和他去房间的时候在想什么？我在想《马男波杰克》哪几集最好看。如果知道是这样，我一定不会去的。

或许这一切真的都是我的错，因为我不值得尊重。

也许没有人会真的喜欢我。

我开始疯狂地渴望食物，起身把昨天剩下的巧克力饼干一股脑地塞进嘴里。"小恶魔"冷笑道：

现在你知道为什么这样的事情会发生在你身上了吧？如果你还要脸的话，现在就去健身房运动，然后今天什么都不要吃。

我呆坐在原地，与"小恶魔"做着激烈的斗争。不能这样，我对自己说，不能再回到那个黑暗的恶性循环里。我试着"检查证据"，告诉自己并没有证据证明"这一切都是我的错"，更不能说明"没有人会真的喜欢我"——我在用负面的方式进行"归因"。现在是凌晨4点半，不管发生了什么，我能做的只有回去继续睡觉。

（12：30）在"闭门会议"上提到昨天的事情，姐妹们都感到义愤填膺。

"这个人什么毛病啊，所谓的'解放'呼吁的是让女性也可以按照自己的意愿来支配自己的身体，代表着一种自由选择的权利，而不是一种特定的结果，更不是用来说服别人去做违背意愿的事情的借口。搞清楚，不要出来胡说八道好不好！"思睿评论道。

珊珊说："你根本就不要听他的。这种人没准儿脑子里还是大清那一套，什么男女平等不平等的，他这么说只是因为这符合当时场景下的利益。这种人就是典型的，嘴上全是主义，心里都是生意。"

我想到了当时的场景，情绪有些激动地说："他还说，我的思想太落后，应该自己独立思考。"

"你独立思考了呀！只不过答案不是他想听到的。这种就很讨厌有没有！就有些人吧，一边告诉你独立思考言论自由，一边又暗示你哪种选择才是好的、正确的、'进步的'。只要你的决定不符合他的利益，他就觉得你一定是被洗脑了。"秋言一脸嫌弃地说。

（17：00）正在看认知心理学的阅读，昨晚发生的事情突然闯入脑海中，顿时感觉自己像是一个困在笼子里的野兽，疯狂地渴望食物。我抓起书包冲到超市，试图用最廉价的食物来麻痹情绪、救赎自己。走到收银台附近的时候，我拼命地想让自己冷静下来，在心里跟自己说："梦曦，我知道你现在感到愤怒、自责、羞耻,不过别害怕,你刚刚经历了一个意外事件,这些都是正常的反应,一定会过去的。暴食不会帮你解决任何问题,先给自己至少10分钟不要搭理'小恶魔'的要求,想一下'你'希望怎么做。"在接下来的10分钟里,我站在原地回想过去每次暴食带给身体的真实感受,回想把过量食物快速塞进胃里后带来的呕吐感,回想嗓子里的刺痛感,回想暴食后躺在床上一动不敢动的绝望……我把购物篮里的东西一样样放回去,这让我对自己感到非常骄傲。"现在要做的就是不苛责昨天的暴食,不继续暴食,也不要进行不健康的补偿行为。"我告诉自己,"回到规律作息,正常吃饭就好。"想到这里,我打电话给姐妹们,想要一起吃晚饭。其间我们聊起这件事,秋言安慰我说:"姐妹啊,我确实觉得你这个人很容易上头,有点缺心眼,不过这件事你真的没有做错什么,吃一堑长一智嘛,你用一个很小的代价学到了重要的一课,挺好的。"

"你们真的不会觉得是我的问题?"我小心翼翼地问。

"别相信那一套说辞。约会怎么啦?去酒吧怎么啦?在这个问题上,不行的意思就是不行。我甚至觉得你会碰到这样的事情就是因为你太乖,其实听起来他给出的暗示是不少的,你都没有往那个方向想,更没有明确拒绝。以我对你的了解,你怕不是还跟他道歉来着吧?"秋言说。

"所以我一直觉得这方面的教育必须加强,不能只告诉女孩子们乖乖地闭着眼睛祈求不要碰到任何事情。你什么都不懂,该怎么保护自己呢？"思睿说，"我给你们看一个超级棒的小短片，简直应该列入入学考试，让所有人都了解一些什么叫作'获得同意'（CONSENT）。"

思睿给我们看的小短片：

如果你还不明白什么是"获得同意"，那么就先别着急，想象你正在给对方泡一杯茶——

你问道："你想来杯茶吗？"对方说："天啊！当然了！我当然愿意！谢谢！"

这时候你就知道了对方是同意的。

如果你问："你想要喝一杯茶吗？"对方说："嗯，我不太确定。"

那么你可以选择给对方沏茶，也可以选择不沏茶。但是你要知道，就算你沏了茶，对方也不一定会喝。如果对方不喝，接下来这一点很重要——不要强迫对方喝茶。

你沏了茶，不代表你有权利要求对方喝掉它。如果对方说："不了，谢谢。"那就别给对方沏茶。不要沏茶，根本不要沏茶！不要强迫对方喝茶，不要为对方不想喝茶而生气，对方就是不想喝茶，不可以吗？

对方可能会说："好呀，你太好了。"但是当茶准备好了以后，对方已经不想喝茶了，这可能确实会让人恼火，但即便如此，对方仍然可以选择不喝。对方刚才想喝，但是现在不想了，在你烧水、泡茶、加牛奶的时候，对方改主意了，你仍然没有权利强迫对方。

如果对方处于无意识的状态,不要给对方沏茶。无意识的人是不会想要喝茶的,也无法回答要还是不要。因为对方没有意识。嗯——可能在你问的时候,对方是清醒的,然后对方同意你沏茶,但是在你烧完水、泡好茶、加好牛奶之后,发现对方晕过去了。这时候,你应该放下茶,确认对方是否安全,接下来的一点是很重要的——不要强迫对方喝茶。

确实,对方当时说了愿意,但是无意识的人是不会想要喝茶的。如果对方愿意喝茶,开始喝茶,但是在没喝完之前就晕了过去,这时不要强行给对方灌下去,把茶拿走,并确认对方的安全。因为无意识的人是不会想要喝茶的。

相信我,如果上周六有人到你家喝过茶,那不意味着对方一直想要喝你的茶。对方不会希望有人突然来到自己家给自己沏茶,强迫自己喝茶,还说"你上周同意了"。

对方也不会希望醒来时,有人正在强迫自己喝茶,还说"你昨天晚上同意了"。

如果你能理解,在别人不愿意的时候强迫对方喝茶多么荒唐,把茶换成别的事情,有这么难理解吗?

无论是喝茶还是别的事情,最重要的就是"获得同意"[1]。

---

[1] Blue Seat Studio: CONSENT - It's as simple as tea[EB/OL]. (2015-05-13) [2020-10-18]. https://www.youtube.com/watch?v=oQbei5JGiT8.

3月27日 星期一

微信步数： 10289 ／ 内心：有点意思

今天的社会心理学课上，教授正说着"这节课我们继续讲，当处于一个集体中的时候，个人的行为会发生哪些变化……"突然就晕倒在地上！！！教室里空气瞬间凝固，大家面面相觑，不敢相信发生了什么。全班鸦雀无声，所有人都在东张西望，想从别人那里得到答案：我们现在到底应该怎么做？！几秒钟之后，几个同学上前去想要查看教授的状态，一个女生冲到教室门口大喊："有人吗？这里需要帮助！"还有几个同学掏出手机想要叫救护车。这时候教授站了起来，说："我没事，大家先坐回座位吧。"在我们的一脸疑惑中，教授说："刚才是我装的，目的是让你们亲身感受一下在遇到有人需要紧急援助的情况下，如果当时还有别的旁观者在场，我们的行为会发生什么样的变化。"同学们发出一阵如释重负的骚动声，教授继续说："哪位同学可以说说，当时自己心里在想些什么？"

一个女生说："我当时第一反应就是要赶紧叫救护车。"

"我当时心都快要跳出来了，但是不知道为什么就是感觉身体特别沉没法从椅子上起来，可能是想先看看其他人都怎么做吧。"另一个女生说。

"我也是。"坐在旁边的男生说，"当时大脑一片空白，一直在四处张望，就觉得有这么多人在场肯定有人知道该怎么做。"

"说实话,我从头到尾都觉得这是为了课堂效果装出来的。"一个女生笑着说,"毕竟这是社会心理学的课堂,任何人任何事都有可能是事先安排好为了做实验的。"

全班哄堂大笑。教授说,大家的发言都很有意思,我们今天要讲的就是旁观者效应(bystander effect),即当我们确信有其他人在场的时候,出手相助的可能性反而会降低。比如,很多实验表明,受害者在闹市区的不一定会比在人迹稀少的地区得到的帮助多[1]。这主要源于几个因素:

- 责任扩散:"反正有那么多人呢,总会有人帮忙的!"
- 情况不明:"我也不清楚是什么情况,先看看其他人怎么做。"
- 对于来自他人评价的恐惧:"这么多人看着呢,我做的对不对呀?"

"那我们是不是对旁观者效应束手无策呢?其实也不是。就像刚才发生的那样,只要人群中有一个人愿意站出来,其他人也会跟着一起帮忙的。很多时候我们只需要那最勇敢的第一个人。"几个同学若有所思地点点头。下课以后,一个同学跟教授说:"您刚才演得真像,吓死我啦。"教授笑了一下,说,"上一次我教这门课的时候,正怀孕6个月呢。"

---

[1] MYERS D G, TWENGE J M. Social psychology[M]. 12th ed. New York, NY: McGraw-Hill, 2017.

3月28日　星期二

微信步数： 12764　/　内心：哼！

  我真的要强烈谴责那些不停地在图书馆小声说话，以为这样就不会打扰别人，还时不时发生那种想要仰天大笑又不得不忍住的无法描述的声音的人。这种行为严重影响了别人的学习效率，给别人带来了困扰。你们这么小声说话，我既能听到但又听不清楚，必须停下手头的事情全神贯注地听才行。你们这么做到底有没有为他人考虑过？

4月1日　星期六

微信步数： 7980　/　内心：平静

  在今天的"闭门会议"中，思睿和秋言进行了激烈的（非）学术讨论，讨论的话题是原生家庭。

  正方思睿认为，我们的性格和行为很大程度上来自原生家庭，而不够和谐的原生家庭关系是造成现在越来越普遍的心理问题的一个很重要的原因，所以我们这一代人应该及时总结问题。反方秋言认为，我们都会犯错，父母也是——没有人是完美的。我们应该发挥主观能动性，积极寻找解决方法，而不是沉浸在过去的问题中。

思睿觉得，一些父母的问题是方向性的，给孩子带来的伤害也是持久的，不幸的童年要用一生去治愈。秋言认为，人是非常复杂的生物，除了原生家庭以外，还受基因、性格、后天经历、认识模式、社会大环境等的影响；原生家庭固然重要，不过我们也应该小心，过分强调原生家庭的作用也许会让年轻父母——尤其是母亲——过于焦虑，觉得自己的一个小的疏忽就会毁了孩子的一生，而这种过分焦虑对孩子的成长其实并没有好处。

这场（非）学术讨论在珊珊带来的芝士比萨中结束（是的，又是芝士比萨，这全是 Siri 的错）。

4月2日　星期日

微信步数： 10896　/　内心：平静

躺在床上思考每天都要起床的我们和每天都要滚石头的西西弗斯到底有什么区别，能不能不洗衣服，窗外的鸟儿为什么总是在叫，以及一会儿吃什么。

秋言：姐妹，你看到我刚发的朋友圈了没有？

我：就是你近期生活的总结？看到啦！

秋言：已经过去整整2个小时,那个大猪蹄子还没给我点赞,好讨厌!

我：可能他没看见吧。

秋言：不可能!现在是国内时间的星期日晚上,我就不信他两个小时没看手机!

我：没准儿是现在正有事呢,你再给他一点儿时间。

秋言：刚在一起的时候特别热情,所有的朋友圈都是秒赞、秒评论,现在半天都不回复。

秋言：气死我啦!!

秋言：都是之前太惯着他!

我：那你下次也先不要回复他。

秋言：问题在于,他不来主动找我,我就没有机会展现"老娘偏不理你"啊!

秋言 啊啊啊！为什么他就是不来找我说话呢？

秋言 他来找我，我就可以不理他啦！

4月3日 星期一

微信步数： 5389 / **内心：有些感慨**

  今天临床心理学课上讲到了进食障碍，比较常见的分类是神经性厌食症（在体重极低的情况下，仍然因为担心体重上升而过分限制自己的进食量）、神经性贪食症（反复发作的、感到无法控制的暴食+不适当的补偿性行为，如催吐、断食、过度运动）和暴食症（反复发作的、感到无法控制的暴食，没有不恰当的补偿性行为）。教授推荐的纪录片《骨瘦如柴》（*Thin*）[1] 讲述了一个进食障碍治疗中心里几个姑娘的故事：25 岁的护士因为厌食症而 10 次住院治疗，5 年来依靠胃管灌食；15 岁的女孩过度节食造成永久性的肝脏损伤；从 11 岁开始进食障碍的摄影师尝试自杀——"压死骆驼的最后一根稻草"是多吃了两块比萨——最终在 33 岁生日前夕自杀身亡。这部片子看得我头皮发麻，感到

---

[1] Thin : documentary based on true story[EB/OL]. [2010-07-19]. https://www.youtube.com/watch? v = gsqWHMeSIZQ.

非常难受；再次庆幸自己及时寻求专业的帮助，不然现在的我一定还在深渊里挣扎。

随手打开纪录片的评论区，其中一条留言赫然写着：

估计是因为比萨不好吃，哈哈哈哈！

4月5日　星期三

微信步数：9120　/　内心：平静

傍晚的时候，珊珊约我出来聊聊，于是我们找了一个安静的地方散步。

"你怎么样？最近看起来状态好了不少。"我问珊珊。

"我一直在和学校的心理咨询师见面，慢慢地在建立健康的饮食习惯和对身体正确的认识，也在纠正一些思维模式，学习管理情绪的方法。"

"那真是太好啦！"听到这话，我感到很开心。

"我最近也思考了很多过去的事情。"珊珊说，"我从小到大一直接受的教育就是要做一个'好女孩'，要听话，要漂亮，要让所有人都喜欢我。我妈妈是位舞蹈演员，对身材的要求很高，几十年如一日，总是在进行某种节食计划。这些其实都还好，对我影响最大的应该是初中的时候，我爸爸——怎么说呢，做了一些非常不负责任的事情，家里的气氛开始变得非常压抑。我妈妈总是一个人抹眼泪，用很多很多的食物来转移注意力，然后再用极端的方式减肥——其实我都能隐隐察觉到，在妈妈以为我睡觉后，洗手间里都发生了什么。我那时候还太小，不明白为什么妈妈总是这么伤心，不明白为什么爸爸总是不回家，我以为这一切都是我的错，都是因为我不够乖。然后，我就开始节食，甚至还会学着像妈妈一样催吐，我想成为一个'好女孩'，觉得只要这样，之前那个快乐的家庭就会回来。上高中以后我出现了厌食症倾向，之后转变为神经性贪食症，一段时间后再次变成厌食症。你知道进食障碍最恐怖的地方是什么吗？就是在我连续好几天不吃任何东西，或者把手指伸向喉咙的时候，我竟然觉得自己充满力量，觉得自己是一个'好女孩'，觉得自己掌控着生活。我为自己忍受饥饿的能力感到骄傲，就好像这是我唯一擅长的事情，甚至成为我自我认知中很重要的一部分——这让你很难跳出进食障碍的圈套。"

"我明白那种感觉——那种短暂而虚幻的安全感和掌控感，还有因此而不断失控的生活。"我感到很难受，想不到这么温柔善良的珊珊，还经历过这些，"你发现没有，现在'体重'好像成了衡量一切的标准，比如，健康、快乐、成功、完美的生活。无论你的真实生活是怎样的，不管你为此付出了怎样的代价，只要你达到某一个体重，大家就都会觉得你是健康、快乐、成功、完美的。"

"没错！来这里之前我曾经想要改变，想要和食物建立一个良好的关系；我希望身边的朋友们可以教我怎么像'正常人'一样吃饭，怎么不厌恶自己的身体。然而，我发现周围的女生朋友们多多少少都对自己的身材感到不满，也都在限制着进食。后来我就碰到了钟楠，你知道的。"珊珊有些无奈地笑了笑，"之前跟一个朋友提到过我的厌食症倾向，包括那些近乎变态的'进食规则'和对于脂肪病态的恐惧。没想到她一脸羡慕地说：'我也好希望可以像你一样自律呀。'这让人感到绝望，还有什么可以像进食障碍一样，一边吞噬着你的健康和生活，一边又让你得到外界的褒奖和羡慕，让你有巨大的动力继续下去？"

"说实话，"我感到有些不好意思，"其实我之前也悄悄地羡慕过你，觉得只要瘦到和你一样，生活中所有的问题都会迎刃而解。不过现在看来完全不是这样的。"

"你知道吗？曾经有人跟我说过，进食障碍的人都'骨瘦如柴'，可是你也没有那么瘦呀！我也是最近才知道，任何身材和体重的人都有可能在和进食障碍作斗争[1]——包括厌食症[2]。你理解那种感觉吗？我的问题就是过分放大'瘦'的价值，然后做出

---

[1] Gaudiani Clinic: eating disorders come in all shapes and sizes[EB/OL]. (2018-02-27)[2020-12-27]. https://www.gaudianiclinic.com/gaudiani-clinic-blog/2018/2/27/eating-disorders-come-in-all-shapes-and-sizes.

[2] University of California, San Francisco: anorexia nervosa comes in all sizes, including plus size[EB/OL]. (2019-11-06) [2020-12-27]. https://www.ucsf.edu/news/2019/11/415871/anorexia-nervosa-comes-all-sizes-including-plus-size. "非典型厌食症"（Atypical Anorexia Nervosa）会展现出厌食症相关的思维模式和行为，包括过分放大身材或体重的价值、对于增重强烈的恐惧、使用极端的方式限制饮食等等，但是并没有出现"典型"厌食症那样极低的体重。不过，即使体重没有低至危险区间，"非典型厌食症"也同样会带来各种生理和心理的伤害，并且更难以得到理解和帮助。

一系列危害健康的行为，'我还需要再瘦一点才有资格被认为受到进食障碍的困扰'，'我还需要再瘦一点才能得到理解和帮助'。现在想想都觉得非常讽刺。"

"是的，我明白，我们不应该把进食障碍简单地等同于体重。说真的，我多希望可以早一点就跟你聊到这些，当时真的以为只有我一个人在挣扎。每次看到那些对于进食障碍的误解，就几乎要哭出来。我觉得自己特别孤独，更感到极度羞耻；而越是这样，进食障碍似乎就越是我唯一的朋友。"

"所以说，如果当时我们就可以向对方敞开心扉，就不会需要独自经历这些。"珊珊说。

4月7日 星期五

微信步数： 6390　/　内心：极度亢奋

（17:00）社会心理学的下一项任务是一个课堂实验的实验报告。我们在学习"关于如何说服别人的心理学"时，讲到了四种不同的策略[1]：

- 有事直说
- "得寸进尺"（foot in the door）：先让对方帮一个小忙，然后再提出一个更大的要求

---

[1] MYERS D G, TWENGE J M. Social psychology[M]. 12th ed. New York, NY: McGraw-Hill, 2017.

- "以退为进"（door in the face）：先提出一个很大的要求，在对方犹豫或拒绝的时候，改为一个较小的要求
- 互惠原则（reciprocal）：先主动向对方提供一个好处，并请求对方的帮助

我们的任务是在校园里随机拦下 16 个人，用不同的"说服策略"尝试说服他们给一个选定的慈善组织捐款，最后通过筹款的数量来判断哪种方式更有效。为了控制变量，我们每次都要遵循同样的台词：

- 有事直说：你好！我们是 xx 慈善组织，正在募捐。请给我们捐款，谢谢！
- "得寸进尺"：你好！我们是 xx 慈善组织，正在募捐。可以给我们捐 1 美元吗？（如果同意）那可以给我们捐 5 美元吗？
- "以退为进"：你好！我们是 xx 慈善组织，正在募捐。可以给我们捐 20 美元吗？（如果不同意）那可以给我们捐 5 美元吗？
- 互惠原则：你好！我们是 xx 慈善组织，正在募捐。送你一个小贴画，可以给我们捐 5 美元吗？

（17：30）很好，已完成 8 位参与者。

（17：45）完成 12 位。

（18：30）啊哈！目前共计筹集到 62 美元，完全出乎我的意

料，现在在图书馆附近寻找最后一个目标。我或许不应该选周五下午的，教学楼附近已经看不到多少人。这时候，我远远看见一个男生推开了科学楼的门。哈！我快步走上前去，他似乎也察觉到我想走近和他说些什么，停下脚步等着我。走近一看，瞬间心跳加速——这个人完完全全地砸在我的审美点上。啊啊啊！现在拔腿就跑会不会有点奇怪？那样的话他会不会以为我抢了他的钱包？真该死！最后一个剩下的策略还是略微尴尬的"有事直说"。

梦曦，专业一点，你在完成一个严肃的课堂实验，我对自己说。

在他的注视下，我扭扭捏捏地说："你……你好！我们是xx慈善组织，正在募捐。那个……嗯……请……请给我们捐款，谢谢！"我已经在心里想好了逃跑路线。

"哈哈，没问题。这样够吗？"说着，他掏出20美元。

"谢谢你！"我在心里疯狂尖叫，表面上装作一副严肃的样子，"我是社会心理学的学生，"我按照要求说，"这是我们的一个课堂实验，目的是验证哪种'说服策略'更加有效。你的捐款我们会如数交给慈善机构，如果你有任何问题，可以随时联系我们。"

"如果我有问题的话，应该怎么联系你呢？"他问我。

"这是我的邮箱，"我说，"如果我不知道怎么回答的话，会去请教教授的。"

（19：15 图书馆）试图将注意力集中在整理实验笔记上，并心无旁骛地开始写实验报告，然而这是不可能的。脑子里都是刚才的场景，一边回想一边傻笑。

（19：30 图书馆）他怎么可以这么帅？

（19：40 图书馆）尤其是笑的时候！

（20：00 图书馆）看来接下来的几周要多去科学楼学习。

（20：10 图书馆）尤其是周五晚上。

（20：30 图书馆）万一偶遇了呢？

（21：00 图书馆）接受我今天晚上肯定不会学习的现实，准备回宿舍。

（23：00 床上）啊，他真是太帅啦！

4月8日　星期六

微信步数： 1026　／　内心：怎么可能平静？

（08：00 床上）他也太帅了吧？

（08：30 床上）怎么才能和他偶遇？

（09：00 床上）我以后要多去科学楼那边转转。

（18：00 科学楼）花了整整一天的时间详细地研究了科学楼

的地形图，以及所有在这里进行的课程，试图推断出他的专业和可能出现在这里的时间。

生物专业：

（BIO105）生物学入门：生物化学、遗传学及分子生物学

（BIO111）分子、基因与细胞

（BIO112）有机体、进化与生态环境

（BIO205）细胞免疫学

（BIO213）生物学中数据的使用与误用

（BIO240）营养学

（BIO245）细胞生物学

（BIO258）遗传学

（BIO260）现代药物与疾病

（BIO400）独立生物学研究

（BIO410）独立临床研究

化学专业：

（CHE106）基础化学理论-1

（CHE108）基础化学理论-2

（CHE220）分析化学入门

（CHE240）生物化学基础

（CHE250）有机化学入门 - 1

（CHE420）独立研究

物理专业：

（PHY106）天文学

（PHY130）基础物理学（需要微积分）

（PHY200）计算物理学

（PHY425）核物理

心理学专业：

（PSY101）心理学入门

（PSY220）健康心理学

（PSY231）临床心理学

（PSY232）社会心理学

（PSY234）认知心理学

（PSY284）药物和人类行为

（PSY301）心理学研究：意识与注意力

（PSY302）行为药物学

（PSY310）心理学统计与实验设计

神经科学专业：

(BIO207)神经科学入门

(BIO213)行为神经科学入门

(BIO214)认知神经科学入门

(BIO220)动物行为

另外，这栋楼里还有6个洗手间，4个自习室（全部为玻璃门，可以看到外面，其中2个是大自习室，2个是个人自习室），3台自动售卖机，以及两只猫（一只是黑色的，另外一只也是黑色的）。

4月9日　星期日

微信步数：4337　/　内心：！

（15：00 科学楼）不敢相信自己几乎浪费掉了整个周末。无论如何，现在必须开始学习！

（15：30 科学楼）好吧，必须停止幻想和他约会，开始写实验报告。

（18：30 科学楼）就现在，快停下来！

（18：40 科学楼）至少不要继续傻笑。

（18：45 科学楼）打开邮箱寻找教授之前发来的实验报告的要求，发现里面躺着一封标题叫作"关于刚刚实验的问题"的邮件，收件时间是周五晚上7点。邮件的内容是：

晚上好！

我刚刚参加了你们的实验，觉得很有意思！可以跟我详细讲讲你们的实验目的吗？谢谢！

安宇

（18：50 科学楼）竟然是他！！！所以说他周五一回去就给我发了邮件，而我因为一整个周末没有学习而没有看到？！第一次觉得不好好学习这么耽误事儿。我给他的回复：

嘿！

（你应该已经猜到我一整个周末都在摸鱼了）谢谢你参与我们的实验！你是我见过的最帅的参与者。关于你的问题，社会心理学中有四种常见的"说服策略"，分别为：

- 直接要求：直接说出你的请求
- "得寸进尺"：先提出一个小要求，等到对方答应后，再改为一个更大的要求
- "以退为进"：先提出一个比较大的要求，如果对方拒绝，改为一个更合理的要求
- "互惠原则"：主动提出给对方一个好处，以换取对方接受你提出的要求

我们通过四种不同的方式请求参与者为一个慈善组织捐款，然后统计四种方式获得的捐款数量，判断哪种方式更为有效。这是我们的实验目的。

再次感谢！

梦曦

（19：05 科学楼）啊哈！收到了新的邮件：

（没关系，我到现在也还在摸鱼）谢谢你的回复，这听起来

很有意思！那么你们这个实验现在算是完成了吗？有结论了吗？

（19：15 科学楼）我的回复：

我们已经收集完了数据，现在会将全班所有人的数据汇总在一起取平均值，再用 SPSS 来检测各组之间是否存在任何统计学意义上的显著差异。不过这其实只是一个课堂演示，为了让大家熟悉基本的实验流程，远远不是一个严谨的心理学实验，所以其结果不一定具有很强的科学性。

（19：20 科学楼）他的回复：

谢谢你的解释！这让我也很想上心理学的课。你是心理学专业的吗？

我说："是的！确实挺有意思的。你是学什么的呀？"马上收到他的回复："我是学神经科学的，和心理学离得不远。我一直很好奇，听说你们心理学有很多不同的分支，都有哪些呀？"

我回复他：

现代心理学确实有很多分支！总的来说，心理学注重设定假说、实验设计和数据分析，遵循严格的科学方法，比如，社会心理学（social psychology）、认知心理学（cognitive psychology）、发展心理学（developmental psychology）、人格心理学（personality psychology）、跨文化心理学（cross-cultural psychology）、生物心理学（biopsychology）；另外一些分支在实验的基础上，更注重将基础研究得到的结论运用到实践中去，比如，临床心理学（clinical psychology）、咨询心理学（counseling psychology）、教育心理学（educational psychology）、法庭心理学（forensic psychology）、运动心理学（sports psychology）等等。

还有一个特殊的"心理学"分支，近几年发展的势头很猛，杀伤力极强，主要在社交媒体上传播，一旦传播出去想要彻底消除影响极其困难，有迅速赶超其他分支的趋势。常见的领域包括各种形式的算命心理学、鸡汤心理学、"心理学大师告诉我们（然后完全不知所云）"学，以及"不着边际的事情不知道为什么非要搭上心理学"学，等等[①]。

收到安宇的回复：

哈哈哈是的！类似的"神经科学"我也见过不少！不好意思耽误你这么长时间，我保证这是最后一个问题……可不可以给我你的联系方式呢？

（19：40 科学楼）看到最后一句话，我假装若无其事地关上电脑，面无表情地往宿舍走，好像什么事情都没有发生一样。

（19：50 宿舍）啊啊啊啊啊！

（19：51 宿舍）他居然要了我的联系方式？！

（19：52 宿舍）躺在床上傻笑。

---

① 开个玩笑，请勿对号入座。

（19：53 宿舍）抱着玩偶们傻笑。

（19：54 宿舍）把玩偶们都碰到地上，自己一个人在床上傻笑。

（19：55 宿舍）和玩偶们一起躺在地上傻笑。

（19：56 宿舍）翻了个身继续傻笑。

安宇发来一条消息：

安宇 哈喽！用微信交流就方便多啦。这个周末过得怎么样？

这是一个很重要的问题，可以展现我的生活状态，绝对不能告诉他我花了一整个周末研究怎么和他偶遇。思考了片刻，我说：

挺不错的！和朋友们吃了饭，去了瑜伽课，现在打算收拾一下房间，然后整理一下明天上课要用的阅读。你呢？ **我**

安宇很快回复道：

安宇 听起来很放松嘛！我昨天和朋友们开车出去烧烤，刚才在看一本神经科学的书，叫作《错把太太当成帽子的男人》，很有意思！现在准备看个电影放松一下。

> 啊！我知道这本书！上学期神经科学的教授推荐的，不过我还没有看。 —— 我

突然意识到，教授说的"你们一定会通过某种方式从这本书中获益"，果然是真的。

安宇：哈哈哈，没关系，我可以借给你！

> 谢谢！你准备看什么电影呀？ —— 我

安宇：《东方快车谋杀案》，这么经典的电影我还没看过，准备补上。

> 哦！是不是那个列车上所有人联合起来谋杀一个混蛋的故事？我看过！是挺有意思的，当时完全没想到结局是这样的。 —— 我

突然意识到了什么，我赶紧说：

> 其实阿加莎的其他推理作品也很有意思，比如《无人生还》，完全猜不到结局！ —— 我

（21：30 图书馆）现在当然是在看《错把太太当成帽子的男人》。教授诚不欺我。

4月12日 星期三

微信步数： 12378 / 内心：内心过于激动，以至于根本叫不出来

（06：30 床上）闹钟在响。

（06：40 床上）闹钟在响。

（06：50 床上）闹钟在响。

（07：00 床上）闹钟在响。

（07：10 床上）闹钟在响。

（07：20 床上）闹钟在响。

（07：30 床上）闹钟在响。

（07：40 床上）把闹钟从 7 点 50 改到 8 点。

（08：00 床上）才过了一分钟，闹钟怎么又响啦？

（08：05 床上）再不起床可能真的来不及！

（08：07 床上）刚查了邮件，并没有奇迹发生。今天的课没有取消。

（8：15）好吧，接受现实。

因为这几天和安宇聊得过于开心，实验报告的进度严重落后。为了拖延更好地完成这篇报告，我在网上搜索"如何更好地写作"，找到一个完美的答案[1]：

---

[1] Plainlanguage: how to write good[EB/OL]. [2020-11-16]. https://www.plainlanguage.gov/resources/humor/how-to-write-good/.

- 去掉那些名人名言。正如拉尔夫·瓦尔多·爱默生所说："我讨厌拾人牙慧,告诉我你知道些什么。"
- 不要重复,也不要再说一遍你说过的话
- 不要重复,也不要再说一遍你说过的话
- 不要写废话。不要写那些不需要的东西。这样做完全没有必要
- "作比较"和老生常谈一样糟糕
- 写东西的时候多多少少要详细一点
- 不完整的句子?不要
- 不要重复,也不要再说一遍你说过的话
- "比喻手法"在写作中就好像是羽毛在一条蛇身上一样
- 被动语态需要"被"去掉
- 这年头,谁还会用设问句?
- 夸张的表现手法比轻描淡写要糟糕一亿倍

在图书馆奋斗了一下午之后,去最爱的快餐店买了一个炸鸡汉堡,准备当作晚饭。正在享受炸鸡那诱人的香味,一抬头猛地看见安宇穿着运动服站在不远处,手里拿着一个篮球。想到之前在相似场景下和钟楠的尴尬对话,我在脑海中试图迅速编出101个"这个汉堡不是我的"的借口。为什么这个快餐店非要开在这么中心的地带?!安宇看到我,以及我手中还没来得及藏起来的汉堡,笑着跟我打招呼:"梦曦!你是来买炸鸡汉堡的吗?我也好喜欢这家快餐店呀!"我如释重负地笑了一下,和他一起闲聊

着往宿舍楼走。快到的时候，安宇似乎有些不好意思地笑了一下，说："梦曦，你这个周末什么安排？有没有时间一起吃个饭？"

我忍住捂着脸尖叫的冲动，假装淡定地说："好呀！我周五或者周末都可以。"

安宇笑了一下，露出两个酒窝，说："太好啦！那咱们周六下午5点见！"

4月15日 星期六

微信步数： 3120 ／ 内心：啊啊啊啊啊！

> 期待和安宇的见面：258分钟　学习：0分钟

即将到来的和安宇的见面让我过于激动，以至于无法集中注意力做任何事情，所以今天大部分的时间都躺在床上傻笑。正在思考一会儿和安宇见面要穿什么，和他聊什么，以及是点一个炸鸡汉堡还是一个炸鸡汉堡外加一份炸鸡块儿，秋言在群里@我：

> **秋言**：姐妹，我来提醒你一句，一会儿可别光盯着人家傻笑，别吓着人家。

二十岁这一年发生了什么？　　323

思睿 〈 如果你实在不知道该说啥，就说："哇，你真的好厉害呀！"

和安宇见面，最终点了一个炸鸡汉堡不加酸黄瓜。我们聊得很开心，他告诉我一喝酒就脸红其实是源于一个叫作 ALDH2 的基因导致的对于酒精的代谢能力下降。一抬眼，我看见就在不远处斜对角的桌子上坐着秋言、思睿和珊珊，看到我正在往那边看，正对着我的思睿还跟我坏笑着打了个招呼。

"怎么了？"安宇问我。

"没事没事，我认错人啦。"我连忙否认。

这时候，珊珊起身径直朝我们走了过来，我试图用眼神警告她不要轻举妄动，然而她并没有理会，直接走到我们这张桌子旁边，说："不好意思打扰一下，可以借用一下你们的番茄酱吗？""你还需要吗？"安宇扭头问我，我立马露出一个大大的笑容，对珊珊说："不用啦，你拿走吧！"两分钟后，收到珊珊的信息：

珊珊 〈 不错，确实挺帅的！

回到宿舍，在群里@秋言、思睿，还有珊珊。

> 谁给我解释一下刚才什么情况?   我

秋言 > 这不是怕你又缺心眼嘛,我们帮你去把把关!

珊珊 > 顺便看看这个男的到底长什么样,让你如此一见钟情。

思睿 > 其实我们本来真的只想在门口看看的,不过炸鸡真的太香啦!

秋言 > 而且我们那桌确实没有番茄酱。

4月16日 星期日

微信步数: 11286   /   **内心:平静**

> 回想昨天和安宇的见面:326分钟   因此而傻笑:27分钟

(06:30)手机狂响几声,睡眼惺忪间发现是秋言在群里@我们。

秋言：@所有人 姐妹们！紧急情况！

秋言：我知道现在是早上6点半。

秋言：但是这次真的是紧急情况！看到请回复！！！

我艰难地从床上爬起来，回复道：

我：怎么啦？

秋言：真的气死我啦！！！你看这是大猪蹄子跟一个女生的合影！

我：这不能说明什么吧？

秋言：这是我们共同的一个朋友发的朋友圈，他们一起出去玩的！

秋言：你知道最可气的是什么吗？

秋言：这个女生看起来真的挺可爱的！！

思睿：我也觉得这说明不了什么，只是一起出去玩。

秋言：不对，这事儿肯定不对！我说他怎么最近回复这么慢呢，果然是有情况。

珊珊：我跟你说，这种事情没有确凿的证据可不能轻举妄动，不然无论结果如何都不好收场。你现在赶紧出去跑两圈儿，不要一个人瞎琢磨。

秋言：不对！这事儿不对劲！我就觉得他最近不对劲！我一定要调查清楚。

秋言：然后把他的所有联系方式都拉黑！

思睿：调查可以，可千万别冲动！

思睿：你现在赶紧出去跑两圈儿，冷静一下，不要一个人瞎琢磨。

（10：00）由于秋言没有再回复，我和思睿、珊珊一起将秋言从房间里拉了出来，手机由思睿保管，防止任何冲动的行为。我们拉着秋言到了宿舍楼旁边的小花园，希望自然风光可以让她冷静下来。

"果然天气暖和了，你们看那朵花儿上面有一只蝴蝶，"思睿说，"真好看呀！"

秋言撇了撇嘴，说："有什么用啊，你看它在那朵花儿上面停了几秒钟就又飞走了。所以说什么'你若盛开，蝴蝶自来'都是骗人的。你就算再好看，蝴蝶来了也不会停留很长时间的，因为它是蝴蝶！它是不会为任何一朵花停留的，不管你开得好不好看！我早就知道，全世界的蝴蝶没一个好东西。臭蝴蝶！臭蝴蝶！臭蝴蝶！"

4月20日　星期四

微信步数：　10372　／　内心：马马虎虎

最不希望发生的事情还是发生了，秋言和男朋友吵架，一气之下拉黑了他全部的联系方式；刚刚在几个共同好友的确认下，发现确实冤枉了他。然而无论我们怎么劝，秋言都拒绝主动去道歉。

"你把他所有的联系方式都拉黑了，他就算是想跟你道歉也没有办法呀！"思睿说。

"不对！我没有拉黑他的游戏账号！如果他真的想找我的话，肯定可以想到的！而且我们还有那么多共同好友。所以他就是不在乎我，那我凭什么要先道歉？"

4月21日　星期五

微信步数：　5280　／　内心：平静

秋言哭诉之后，我们再一次尝试说服她去找男朋友道歉。

"其实你心里也很清楚这件事是自己的错，为什么不去跟他道歉呢？你这么做的话，会失去他的。"

秋言低着头，小声地说："我害怕……就是当你跟一个人道歉之后，你就彻底把主动权交给了那个人。不是说永远不能表现出那么在意嘛，认真就输了。"

"难道这种所谓'赢的感觉'比那个人还重要吗？我从来不觉得这算什么胜利。"珊珊说。

"而且装作满不在乎并不能让你获得真正的掌控权呀，你现在感到特别不安，不是吗？你很喜欢他，不想失去他，这一点都不丢人。快去告诉他吧。"我说。

"没错，姐妹，你听我说，跟你在乎的人说'我很在乎你'，这件事怎么也不吃亏。"

"可是——"

"别可是啦，"思睿打断了秋言，"去为自己的冲动道歉，并且保证以后不会再这么做。告诉他你很在乎他，不想失去他。我们支持你！"

"完事儿之后请你吃炸鸡！"珊珊说。

4月23日 星期日

微信步数： 8320 ／ 内心：嘻嘻！

男朋友接受了道歉，这让秋言心情非常好，准备要请我们吃饭。去餐厅的路上，我们经过了那家小码服装店，思睿说："你们听说过这家只做小码衣服的服装店吗？最近网上挺火的。"我突然莫名其妙地感到一丝紧张，不知道思睿会说些什么，也不知道自己该如何反应。

"就是那个'一个尺码给所有人'（One Size Fits All）的店？听说过呀，怎么啦？"秋言说。

"我那天正好路过就进去看了一下。衣服确实挺小的，不过我看见这个头绳还挺好看的，就买了一个。"说着，思睿很开心地给我们展示新买的头绳。

我对思睿轻松的语气感到非常惊喜。珊珊打趣道："你心态不错嘛！"

思睿说："这是他们的损失呀，失去了我这样一个购物狂。"

4月25日 星期二

微信步数： 3729 / 内心：!!!

> 谁能告诉我，为什么世界上会有这么帅的男生？

社会心理学课上，教授让大家匿名写下"如果我可以随时随地拥有隐身的能力，那么我会做什么，或者改变我现在的哪些行为"，看看大家都有哪些共同的心愿。统计发现，"如果我可以随时随地拥有隐身的能力，那么我就不再需要在公共场合憋着不放屁"荣登榜首，一骑绝尘。

下课以后，安宇发信息告诉我他在一个环境非常好的自习室，问我要不要一起去学习。我赶紧冲到图书馆，借来那本《错把太太当成帽子的男人》，在网上搜索关于这本书"让你听起来非常聪明又有见解的讨论"，准备在他面前"无意中"提起。

（14：00 科学楼 自习室）哈！他现在就坐在我对面。

（14：15 科学楼 自习室）他坐在我对面!!

（14：20 科学楼 自习室）他就坐在我对面!!!

（14：30 科学楼 自习室）学习进度： 0% 。

（15：00 科学楼 自习室）他也太帅了吧？

（15：30 科学楼 自习室）糟糕！正在傻笑的时候，安宇突然抬头看到我，说："你在笑什么呀？""哦，没什么，"我赶紧胡编乱造了一个理由："刚才墙上有一只虫子，现在飞走啦。"

二十岁这一年发生了什么？ 331

4月29日 星期六

微信步数： 9120 ／ 内心：平静

因为今天大家都有成堆的作业没有写完，所以"闭门会议"临时取消，准备期末考试之后再好好聚会。然而其实我们花了更长的时间听思睿在群里吐槽一个课上遇到的队友。思睿先在群里@我，说：

思睿：我问你哈，你们课上学的抑郁症的诊断标准是啥？

我：精神障碍诊断与统计手册 – 第5版（最新版）中给出的诊断标准是：
A. 以下9个症状中，出现5个及以上，其中（1）和（2）必须至少出现一个：
（1）心情抑郁：几乎每天和每天大部分时间都心情抑郁。可以是主观的感受（感到悲伤、空虚、无望等等），也可以是客观观察到的情况（流泪等）
（2）几乎每天和每天大部分时间，对于所有或几乎所有的（曾经感兴趣的）活动都丧失兴趣或动力
（3）在没有外因的情况下（药物、节食……）食欲和体重的明显变化（食欲增加或减退，体重增加或下降）
（4）睡眠不正常。几乎每天都失眠或睡眠过多

> 我
> （5）几乎每天都行为躁动或迟钝（他人可以观察到的）
> （6）几乎每天都疲劳或精力不足
> （7）几乎每天都感到自己毫无价值，或过分地感到内疚（可以达到妄想的程度）
> （8）几乎每天都存在思考能力减退或注意力不能集中，或无法做出决定（既可以是主观的陈述，也可以是他人的观察）
> （9）反复出现自杀的想法，反复出现没有具体计划的自杀意念，或有某种自杀企图，或有某种实施自杀的特定计划
> B.症状持续2周及以上
> C.几乎每一天、每一天的大部分时间都有症状
> D.症状必须引起具有临床意义的困扰，或导致社交、职业发展，或其他重要方面受到明显的损害
> E.症状不是由药物引起的

思睿 > 原来是这样！

> 你怎么啦？为什么突然问这个？ 我

思睿　我跟你们说，我课上有一个女生，跟所有人都说自己有严重的抑郁症和焦虑症，还有自我伤害的倾向。每次小组会议和小组作业都不好好完成，把任务扔给别人，解释说是因为抑郁症和焦虑症起不来床。我之前还觉得那确实应该照顾一下，可是我们最近发现这个女生的朋友圈里各种吃喝玩乐的照片，平时也看起来好好的，只有到要干活的时候才"抑郁症"选择性发作。

珊珊　我也见过这种人！分配任务的时候让全世界都知道他们的"心理疾病"，逢人就提，你还必须让着他们，不然你就像是在犯罪一样——然而争功的时候，跑的比谁都快。

我　我特别特别反感这种人！本来我们对于心理健康的认识就刚刚起步，再来一些为了个人利益滥用或者误用心理疾病名词和概念的，就会有一种"狼来了"的效果，让大家失去耐心。

思睿　然后真正需要帮助的人们的处境就会更加糟糕。

珊珊：大家的反应就会变成"又是抑郁症?少来啦",或者什么"没事的,大家都有抑郁症,忍忍就过去啦",然后理解和支持就会越来越少。

秋言：不光是心理健康,我之前碰到过一个人,去上了一个什么"心理学十天速成大师班",回来以后你干什么他都要分析一番。别反驳,反驳就是"防御机制"在作祟。

我：然后很多人就会误以为"心理学"就是一天到晚强行给别人乱贴标签。

思睿：震惊!深度心理学:从你上厕所带不带纸、带多少纸、带什么样的纸,竟可以判断出你的潜意识!不转不是中国人!

我：哈哈哈,@思睿 姐妹你真是太有才啦!

5月1日　星期一

微信步数： 12065　／内心：陷入思考

今天和临床心理学教授进行了一场令人深思的对话。起因是我去找教授问问题的时候，提到了自己关于未来方向的焦虑，担心自己申请不到满意的项目。

"如果申请不到合适的项目，先工作几年再申请也是个不错的选择！"教授温和地说。

"可是那样不是浪费时间吗？"

"怎么会是浪费时间呢？你可以去做义工，做研究助理，去做相关的工作积攒经验。"

见我还是将信将疑，教授对我说："我给你讲讲我的故事吧。我21岁那年以最高荣誉从常春藤本科毕业，然后直接申请到耶鲁大学的临床心理学博士项目。这个项目的竞争极其激烈，我的同学们基本上都已经有好几年相关的科研或者工作经历，积攒了经验和人脉，而我需要在已经极其繁重的学业的基础上付出双倍努力。我可以把自己关在实验室里好多天不回家，以香烟和包装食品度日。到目前为止这还是一个励志故事，我顺利地在5年之内博士毕业（美国的博士项目一般5年到'无期徒刑'不等），然后去了一个很权威的诊所，又过了两年就得到了这里的职位。一切都那么完美，对吧？直到32岁那年，我被查出患有卵巢癌，不得不暂时放弃我热爱的事业和做一个母亲的愿望,接受治疗。这么说吧,这种经历是任何人都不想要的。"

32岁在前途一片光明的时候确诊癌症?我感到很难受,不知道该说些什么,只是默默地听教授继续说:"所幸发现得早,治疗及时,没有造成更严重的后果。从那之后,我就开始思考,我所追崇的那一套个人成就大过天的价值体系到底有什么意义。幸运的是,我在36岁的时候遇到了现在的丈夫。我们已经在一起12年了,没有孩子,却也过得很快乐。所以你看,生活并没有什么完美的时间表,每个人的步伐是不一样的,也不存在唯一'正确'的生活方式。"

见我若有所思,教授笑了笑,说:"其实我一般不会和学生说这么多,不过你让我看到了当年的自己,所以我想用自己的亲身经历告诉你,这个世界上还有很多比'年少有为'更为重要的事情,比如身心健康、友谊、家庭、爱、对自我的接纳、内心的平静等等。当然我不是说不让你追求目标,追求目标当然是好事,可是不要把实现目标当成生活唯一的意义。没有什么完美的时间线,每个人都有自己的节奏。"

5月2日　星期二

微信步数： 5390　/　**内心：嘻嘻！**

　　感到非常紧张，原因是接下来的认知心理学、临床心理学和社会心理学三门课都有一个占比 15%~25% 的课堂展示，害怕自己的表现像上学期神经科学课上一样糟糕。安宇提出要帮我一起准备。

　　"你在紧张什么呢？"安宇问我。

　　"我就害怕自己说错话，或者忘记该说什么，好丢人的！"

　　"你肯定知道'聚光灯效应'（the spotlight effect）吧？我们以为别人都全神贯注地关注我们的每一个行为、注意到我们的每一个错误，其实并不是这样的[1]。所以不用想这么多，继续往下讲就好，别人真的不一定注意得到！"

　　"你有没有见过那种，你在台上讲，他在底下一脸严肃？这种情况简直是噩梦，我会觉得特别慌张。"

　　"这不一定说明你讲得不好呀！更有可能的情况是——这哥们儿喜欢的球队又输了。"安宇说，"就算你看到台下有人在抠脚，也要告诉自己'他现在真的需要抠脚，这不是我的错，我只需要讲自己的，不管他在做什么'。"

---

[1] GILOVICH T, SAVITSKY K. The Spotlight effect and the illusion of transparency: egocentric assessments of how we are seen by others[J/OL]. Current Directions in Psychological Science, 1999, 8(6): 165-168 [2021-01-12]. https://doi.org/10.1111/1467-8721.00039.

之后我和安宇去了认知心理学、临床心理学和社会心理学教室分别练习各门课的课堂展示。

"我现在来扮演一下'抠脚群众'啊,你不用管我,自信一点讲自己的。"安宇在教室第一排找了个地方坐下。

"可是每次在马上轮到我的时候,我就觉得好紧张啊,心跳加速手心冒汗。"

"你可以这样,每次你感到心跳加速手心冒汗的时候,跟自己说'我很兴奋,这些反应是兴奋的表现,这是身体在帮助我更好地应对接下来的挑战'[1]。"

"哦!"我突然想到了什么,有些激动地说:"这种方法是不是叫作'重新评估'(reappraisal)[2]?"

"是的!告诉自己你为接下来的挑战感到很兴奋,你的身体也已经做好准备。我会扮演台下的'抠脚群众',一会儿可能还会打呼噜,不过你完全不需要理会我,继续讲自己的就好。"

---

[1] KELLY MCGONIGAL. How to make stress your friend[EB/OL]. (2013-06)[2020-01-13]. https://www.ted.com/talks/kelly_mcgonigal_how_to_make_stress_your_friend/transcript.
BROOKS A W. Get excited: reappraising pre-performance anxiety as excitement[J/OL]. Journal of Experimental Psychology. General, 2014, 143(3): 1144-1158 [2021-01-12]. https://doi.org/10.1037/a0035345.

[2] JAMIESON J, MENDES W, NOCK M. Improving acute stress responses: the power of reappraisal[J/OL]. Current Directions in Psychological Science: a Journal of the American Psychological Society, 2013, 22(1): 51-56 [2021-04-13]. https://doi.org/10.1177/0963721412461500.

5月3日　星期三

微信步数： 10098　／　内心：平静

　　（9：35 认知心理学教室）今天是认知心理学的课堂展示。开课5分钟后，教授还是没有到。

　　（9：37 认知心理学教室）这就很奇怪。教授一般都是提前15分钟到的。

　　（9：40 认知心理学教室）收到教授的邮件：

　　标题：墨菲定律——怕什么来什么（Anything that can go wrong, will go wrong）

　　发件人：认知心理学教授

　　时间：5月3日　星期三　上午9：39

　　邮件内容：

　　紧急情况！早上在普拉提课上意外崴了脚，现在正在医院紧急处理。请你们先准备自己的课堂展示，我马上就到！

　　看到邮件，同学们纷纷表示教授今天应该在家休息。直接给满分我们是不会介意的。

　　（9：45 认知心理学教室）又收到了教授的邮件：

　　标题：今天墨菲定律是我最大的敌人

　　发件人：认知心理学教授

　　时间：5月3日　星期三　上午9：45

邮件内容：

有人把我的停车位占了！正在找车位。

（9：50 认知心理学教室）教授的第三封邮件：

标题：来了来了！

发件人：认知心理学教授

时间： 5月3日　星期三　上午9：50

邮件内容：

还有一分钟！

（9：51 认知心理学教室）教授拄着拐杖，在大家的掌声中进了教室。我开始感到心跳加速，按照安宇告诉我的那样，跟自己说："这是我很兴奋的表现，说明我的身体已经做好准备。"

5月13日　星期六

微信步数： 8360　/　**内心：**啊哈！

（19：00）昏天黑地的一个星期之后，终于完成了所有的期末考试！收拾好行李，我去和杰森还有S告别，和姐妹们一起吃晚饭。思睿要留在这里和教授做一个暑期研究，珊珊在国内找了一个实习，秋言准备和男朋友一起去旅游。回到房间后，点开教授的邮件，发现自己之前的认知心理学课堂展示拿了A！教授的评语：

你的表现很棒！之前你跟我说这个课堂展示让你非常紧张，觉得自己根本不擅长演讲，不过你的表现令人感到惊喜。具体的建议我已经给过你，现在我只想说，希望你可以在今后的学习和生活中更加自信，经常给自己一些积极的暗示。公共演讲和其他很多技能一样，是可以通过不断练习来慢慢提高的，希望你可以保持一个"成长型思维模式"（growth mindset）[1]，把现在的自己当作一个"起点"，相信"持续努力"的力量。

第一时间激动地给安宇打电话，分享了这个好消息并感谢他的帮助。安宇说："这是你自己努力的结果！我就知道你可以的，你真是太棒啦！第一次见你就觉得你肯定很聪明。"

我开心地笑出了声，有点不好意思地问："真的假的？你没骗我？"

"我怎么会骗你呢！话说，你在干什么呀？"

"刚刚和朋友们吃了晚饭！"我仍在沉浸在喜悦中。

"我刚才在点评上看到一家评价非常高的甜品店就在你宿舍附近。"

"我知道！我特别喜欢那家的巧克力饼干！"我对安宇说，仿佛都闻到了饼干诱人的香气。

"我还从来没去过呢！而且我也很喜欢巧克力饼干。"

"那你真的应该去尝尝！"

---

[1] DWECK C S. Mindset: the new psychology of success[M]. New York: Random House, 2006.

"是的！我之前就想着期末考试以后一定找人一起去尝尝。"安宇说。

"可以当成饭后甜点哈哈哈！"

"好主意！饭后甜点最棒啦！"安宇停顿了一下，说，"尤其是和喜欢的人一起。"

听到这话，空气中似乎都充满了粉红色的泡泡，不过我装作若无其事地说："你是不是在馋我！"

"听说学心理学的人都可以猜透别人的想法，不是吗？"

"当然不是！"我一本正经地解释道，"这是一个对心理学的误解。"

"那真是太可惜啦！"

"为什么？"我不解地问。

"你没法感受到我现在有多想你。"

（20：30 甜品店）是的，我和安宇在甜品店，准备点巧克力饼干外加冰淇淋庆祝期末考试周顺利结束。吃着冰淇淋，安宇问我假期有什么计划。

"我打算回去整理一下这一年的学业收获，然后开始准备申请研究生的计划啦！你呢？"

"我找了一份实习，也准备申请研究生，"安宇说，"空闲的时候打算继续学街舞。"

"你还会跳舞？"我惊讶地问。

"对呀！我高中就开始学啦。怎么样，想不想一起？"安宇笑着说，露出两个酒窝。

"我……我也不知道，"想到小时候的经历，我突然感到有些不自在，"我觉得自己可能……不适合跳舞。"

"这有什么合适不合适的？开心就好啦！"他打开手机要给我看跳舞的视频。

"我知道，不过你看跳舞的女生们都那么瘦，我估计会是里面最胖的，肯定不好看。"我小声地说。

"为什么要这样说自己？我就觉得你最好看！"

听到这话，我害羞地笑了一下，安宇见状，对我说："那我们一起去学跳舞？"

"好吧！"我笑着跟安宇说，感到非常期待。

5月15日　星期一

回国的飞机上，在灯光昏暗的机舱里，我的思绪回到留学的第一天。将近一年的生活历历在目，我打开电脑，写下一封给自己的信。

二十岁的梦曦：

转眼间已经结束在这里的难忘的留学交换时光，收拾行囊回温暖的家。这一年的经历自然不如预想般"完美",却有着终生难忘的意义。

已经记不得是从什么时候开始对自己的身体充满焦虑的。或许是小学没有选入舞蹈队的时候那个并不美妙的"恍然大悟",或许是当他跟你说:"亲爱的,少吃点吧",或许是你发现无论走到哪里都充斥着"体重都无法控制,如何控制人生"的言论,不过可以确定的是,"身材焦虑"曾经就像一副给自己套上的枷锁,占据着你的时间、控制着你的行为、侵蚀着你的快乐。这一年并不完美:即使拼命地想要改变自己,对于男神多年的感情也仍然没有得到回应;在一个全新的环境中经历了前所未有的文化差异和学术压力,让你感到无所适从;不断踏出自己的"舒适区"去探索新的可能性,却在短时间内无法取得完美结果时就立即陷入自我怀疑;遇见了来自世界各地的优秀同伴,不断与他人比较——与各个方面的最强者比较——然后苛责自己为何如此糟糕……这一年,你是自己最大的批判者,无时无刻不处在与自己的战争中,认为这一切都是自己的错,都是因为自己不够"完美"。就在不久前你还虔诚地认为,只要减掉那些顽固的脂肪,生活中的一切不如意都会随之迎刃而解。体重不再是一个简简单单的数字,那个冷冰冰的数字承载了每一天生活全部的意义;食物也不再给你带来幸福和满足感,食物衡量着你的价值。此时的你已经深刻地意识到,这种想法是极其错误和危险的。几个月前的生活像一部黑白电影,是"节食"和"暴食"的单曲循环,仿佛"减肥"才是生活的意义,其他的一切都可有可无。梦曦,这不是因为所谓的

"不自律",将所有的事情都归结于"个人选择"——无论是对自己还是对他人——都是不够全面的。过度节食会触发身体的"生存机制"(survival instincts),大脑误以为我们在遭遇饥荒,于是发出让我们过度进食的信号——我们又怎么和自己的"生存机制"作斗争?幸运的是,在心理学咨询师肖恩、爸爸妈妈和朋友们的帮助下,你现在已经学会重新倾听身体发出的信号;神奇的是,当你不再试图过度控制食物,食物也就不再控制你。是的,不同的食物有不同的营养价值,一些食物更加有利于我们的身心健康;不过我想说的是,食物没有道德价值,我们任何时候都不应该用"食物选择"来评判自己或者他人的品格。如果一个特定的食物选择让你产生过分的负面情绪,这也很难算得上是最为健康的生活状态。就像肖恩说的那样,"健康饮食"不仅仅包括食物的营养成分,也包括我们和食物的关系,以及食物带给我们的感受。你慢慢地开始意识到,"进食障碍/失调性饮食"不仅仅是和食物的战争,更是一场关于自我的战争;这也是为什么进食障碍多发于情绪创伤的时期。

二十岁的梦曦,你是个非常幸运的女孩子,善良、健康、有爱你的爸爸妈妈、有心心念念的梦想,然而你曾经不止一次想要用这一切来换一个"完美"的身材。你不是不懂感恩,你很感激你所拥有的一切;只是无奈你是一个完美主义者,希望自己所有的事情都可以做到最好,不断地给自己提出更高的要求,从未对自己感到真正的满意。你曾经痛恨身体里的每一寸脂肪,就像你痛恨自己的每一处不完美;你渴望改变自己的身体,就好像这是你获得爱的方式。你慢慢开始意识到,"完美"是不存在的,这是一个巨大的谎言,无声地吞噬着我们的快乐和自尊;其实,接纳自己、与自己和解才是一切美好的开始。渴望提升自我是一种积极向上的生活态度,不过"自我提升"和"完美主义"从来都不是一回事:"自我提升"关注自我——我如何可以做得更好?而"完美主义"关注他人——他们会怎么看我?我希望你在追求"更好的自己"的同时,也可以温柔地对待此时此刻真实的自己。相信我,自我厌恶也许看起来会在短时间内带来巨大的动力,不过这总有一天会失控,将你推向黑暗。

我知道在这个充斥着焦虑的大环境中想要保持内心的平静绝对不是一件容易的事情。我想说的是,你的身体不是一件用来观赏、评价的物品,你的身体让你可以自由行走、让你可以开怀大笑、让你可以放肆地舞蹈、让你可以拥抱最爱的人们、让你可以去追求自己的梦想;与其将自己的身体和时尚杂志相比较,不如让我们感激身体为我们所做的一切。也许一些人会告诉你"不要在最美的年纪里做一个胖子",别听他们的。生活的美好从来不在于体重和年龄;只要你保持一双善于发现美的眼睛和一颗温柔的心,每一天都是最美好的。

关于男神,那个你曾经心心念念的人,那个遥不可及的梦。我们的一生都在追求爱与归属感,爱与被爱是一种极其美妙的感受,温暖着我们的心灵。我们憧憬、期盼两相情愿的爱,不过这一年的经历让我明白,即使是爱而不得的经历也有其特殊的意义。我们当然希望未来的生活充满爱与欢笑，但如果事与愿违，我们也应该从爱而不得中寻找力量、学着坚强、学着感恩、学着理解爱的意义和珍贵，学着慈悲、学着在不断变化的外部事物中保持内心的平静。你的生活不会是一帆风顺的——没有人的生活会是一帆风顺的。我们能做的，就是"将心碎化为艺术"（Take your broken heart, make it into art），在黑夜中寻找光明。也许有时候你发现自己孤身一人，有时候你觉得一切都糟糕透了，我希望你仍然可以好好吃饭、好好睡觉、好好锻炼、好好把自己收拾得干干净净的，然后用最好的状态来迎接最糟糕的挑战。这不是无用功，这是一种无可撼动的内在力量。

多说一句，我绝对相信和他人的联结是生活中非常重要的一部分。我们与这些可爱的人们分享着喜怒哀乐，一起经历晴天和阴天，这是一种美妙的生命体验。不过我同时想说的是，没有任何一段"关系"可以完全定义你，你的自我价值感不应该完全来自任何一段"关系"。你本身就是完整的，不需要任何一段关系来使你变得完整。这一年的经历让我意识到，给予一段关系过于沉重的意义往往只会带来关系的破裂。当一段关系不如我们预想地那样发展，我们会觉得自己的一部分价值遭到了否定，过于急切地想要用下一段关系来填补上这个缺口，证明自己的价值，于是对这段关系抱有难以实现的期待。这绝对不是一个理想的状态，也容易把我们拖进一个恶性循环中。这也许是我们一生的功课，不过我希望你可以学着发自内心地把自己放在一个主体的位置上，倾听自己的内心，尊重自己的感受，而不只是从别人的认可中获得一丝存在感。

最后,给今天的梦曦提一个小要求。不管以后你有什么样的境遇,坚持做一个温柔的人,温柔地对待自己,温柔地对待别人。每个人都有自己的故事,每个人都有自己不为人知的挣扎。这个世界上有很多不如我们幸运的人,永远、永远、永远不要带着一些莫名其妙的"优越感"高高在上地评论任何人的生活,不要对他人的痛苦视而不见,不要将刻薄的语言当作武器指向一个手无寸铁的灵魂。这是作为一个人最基本的善良和责任。我们生活在同一个星球上,我们的行为深刻地影响着彼此,我们的相似之处远远超过不同之处。愿我们在温暖自己的同时也温暖别人,在治愈别人的同时也治愈自己。

梦曦,去做一个真实而勇敢的人吧;去吃、去疯、去闹、去爱、去哭、去笑、去跟着音乐起舞,去找寻自己深入灵魂的热爱,而不是通过无穷无尽的竞争和比较来获得别人的肯定。当你拥有真正的心之所向,也便不会再介意别人的眼光。不要在镜子里寻找自己的价值,你的价值不在那里;你的价值在于"发现和创造",发现自己和周围世界的美好,思考你可以为自己创造什么,可以给周围最爱的人们带来什么,为那些不如你幸运的人们做些什么。让我们一起停止与自己的战争,用青春和热情将这个世界变得更加美好。

要勇敢,不必完美。

后记

衷心地感谢知识产权出版社的编辑老师让这本书成为现实，在我不知道多少次保证"这是最后一次修改"之后仍然选择相信我。感谢所有对书稿提出建议的朋友们，谢谢你们的帮助和支持。是的，我答应请你们吃饭；我绝对没有忘，我真的只是没有钱（当然，如果你们多买几本书，情况就可能发生变化）。感谢爸妈为我付出的所有，没有你们的支持就不会有这本书。我为这段时间里所有以"我在写小说"为借口逃避的家务活而道歉——你们是对的，我确实只是懒。既然说到这儿，我要对办了卡但是只去过两次的健身房说：这次便宜你们了，下次绝对不会。最后，谨以此书献给我永远的人生楷模，我最敬爱的姥爷。

稍等~还有一件事哟！

嘿，可以请你帮我一个忙吗？

首先感谢你可以看到这里。就像书里提到的那样，包括进食障碍/身材焦虑在内的心理问题深刻地影响着越来越多的人，而在认知、情绪和行为方面的"情绪急救"也是我们现代人需要补上的一课。作为一个以进食障碍为研究方向的心理学学生，我翻看了国内外各大网站、论坛上进食障碍亲历者的经历，阅读了专业的理论和书籍，并且根据自己作研究和志愿者的经历，写出了梦曦的故事。希望梦曦的故事可以让更多的人更加真实、完整地认识到进食障碍这种严肃的心理问题，也了解到一些应对"情绪擦伤"的小技巧。

在这里，我想请你帮我一个忙：如果你喜欢这本书，如果你觉得梦曦的故事让你有了一些思考和收获，那么可不可以请你把这本书推荐给你的朋友，或者是周围也许会有需要的人。如果你觉得更多的人应该了解、重视这个问题，请你在社交媒体/网站上面写下你的真实感受。你的帮助或许可以让一个正在经历困扰的人得到一些启发和建议。

再次感谢！祝阳光明媚，万物可期。